花冈瞳的生活拼布 1

个性优雅风

（日）花冈瞳　著
齐会君　译

河南科学技术出版社
·郑州·

目录 contents

by Hitomi Hanaoka

我喜欢的面料

我们总是会搭配各种各样的素材来制作作品。可是每当有人问我“你最喜欢的素材是什么”时，我就会不知所措。无论哪一种面料都有其独特的魅力，它们都是缝制过程中不可或缺的一部分。

纯棉制品中我喜欢图案丰富多样的方格纹布和印花布。亚麻制品质地轻盈、手感光滑，是炎热夏季的首选。我尤其喜欢给人以亚麻质感的米黄色面料，在制作厨房用品和围裙、床单的时候我都会选择使用亚麻布。不管拥有多少，只要看到喜欢的就又会一下子买很多。另外，纯毛制品也是我最喜欢的面料之一，其柔软蓬松的手感、素雅的色调也是简洁风布艺制作中必不可少的。我们还可以体验到只有纯毛制品才有的大胆独特的风格。

把棉蕾丝、蝉翼纱和带有刺绣的细麻纱布等漂亮的透明面料混搭，或者和其他的面料重叠以产生不同的搭配效果。

把喜欢的面料一点点收集保存并粘在一起，做成专属于自己的面料样品册。

有光泽的平绒和丝绸等是最适合做时尚小物件的面料。中间那块织有水珠花纹的布是一百年以前的丝绸。放在上面的两种带有花卉图案的小布块也是那时的物品。或许当时人们就用这种布缝制衣服吧。山东丝绸由于经线和纬线颜色不同，从不同角度能够看到不同的闪光色。右上角的是制作泰迪熊用的马海毛混纺织物，如果缝制成包包也会很漂亮哟。

我的宝贝之一就是这本厚厚的面料样品册。1880～1900年欧洲的制品。上边贴着一片片当时的面料，令我百看不厌。

◄

一看到各种各样的布，就会觉得它们都是我要进行创作的素材，创作灵感也会随之而来。特别是纯棉制品除了作为销售的布以外，还有很多其他不错的可以作为素材的东西。带有麦穗和花朵图案的布曾经是裙子用布。画有狗脸的是做衣服的剩布头。特别想在制作作品时使用，不过感觉要是猫脸的话就更好了。

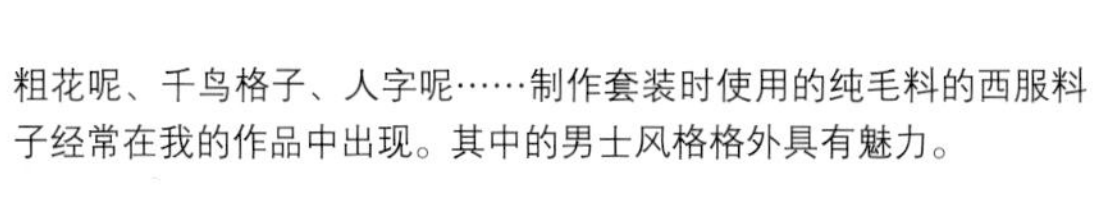

粗花呢、千鸟格子、人字呢……制作套装时使用的纯毛料的西服料子经常在我的作品中出现。其中的男士风格格外具有魅力。

纯羊毛 wool

1 围巾

制作方法详见第52页

将粗花呢和英伦格子呢等纯毛料的碎布随意组合缝制而成的小围巾。把围巾的一端穿过另一端剪出的口，这样一来就紧紧地把脖子给围住，纯毛的质地看上去就会给人暖暖的感觉，你也可以尝试一下哦。里布则选择肌肤触感舒适的天鹅绒面料。

2 手提包

制作方法详见第50页

人字粗布呢，深浅灰色相间、黑色、茶色、藏青色……

绅士服质地一样的纯毛料子更适合制作圆筒形的单肩手提两用包。

剪掉布边形成抽纱饰边并将其嵌在包包上增添了一份手工制品才有的韵味。

这可是一款可搭配冬装的超时尚包包哦。

纯棉布　cotton

3 手提包

制作方法详见第56页

一个个四边形布块错落有致地分布在从深棕色到浅灰色的渐变层次中，
这是一款充分利用了具有和谐美感的扎染效果的包包。
蜜蜂图案的交互排列凸显了色彩变化的妙趣横生和拼布技艺的巧妙。
由于是将两侧上部捏缝在一起，所以包包看起来特别有型，其轮廓也极具立体感。

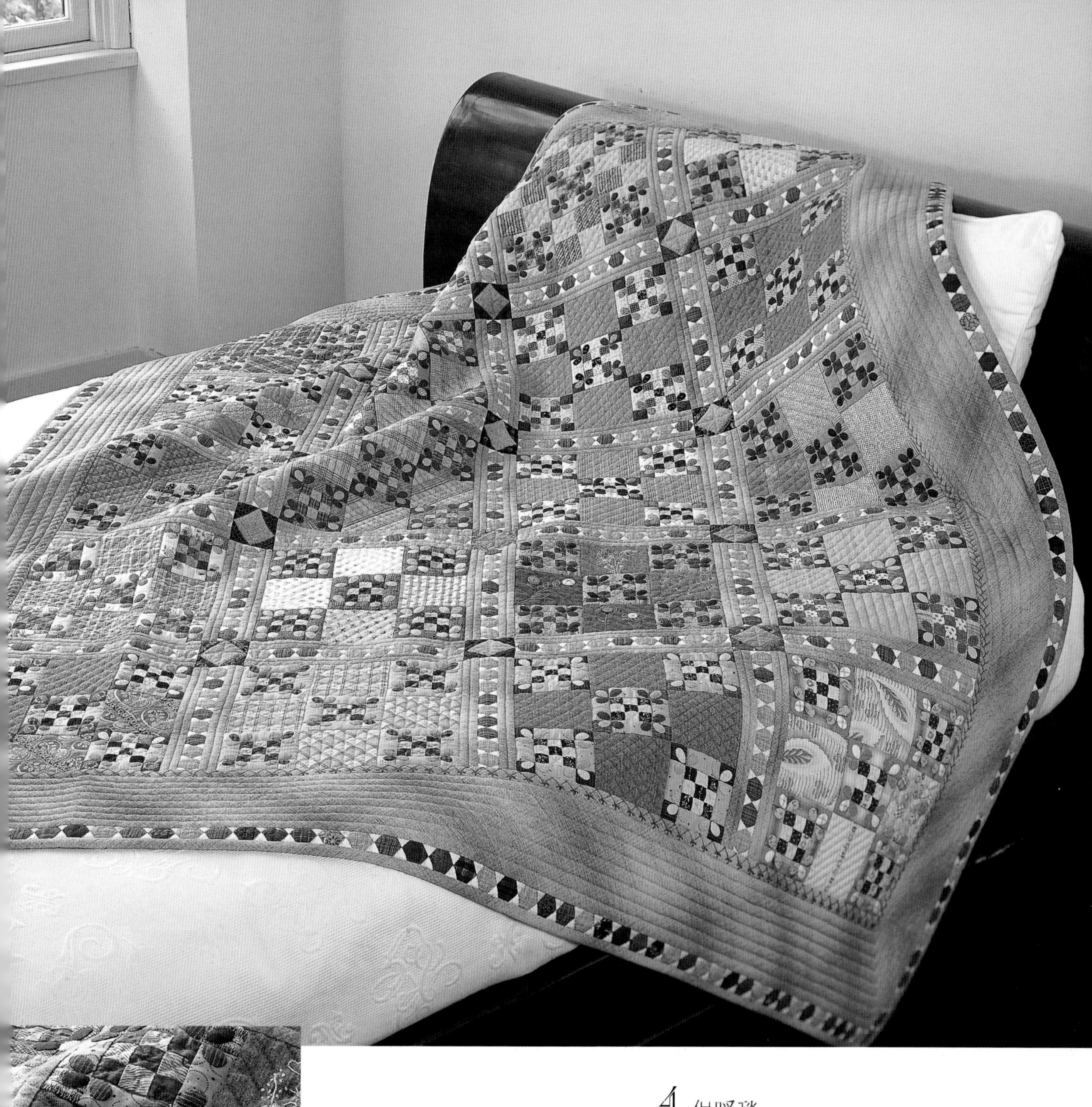

4 保暖毯

制作方法详见第54页

把制作包包时使用的同样的蜜蜂图案排列而成的布块通过用小六边形布块连接而成的边条拼接起来。
加入了色织的方格花纹、小碎花、花朵图案
以及增添趣味的原色布等，
同时又装点有野花图案的刺绣、纽扣、四边形
和六边形等小点缀。

亚麻、蕾丝、蝉翼纱 linen lace

5 水壶盖

制作方法详见第53页

把本白色的棉蕾丝、土黄色的蝉翼纱、
带有精致刺绣的细麻纱布等具有透明感的面料收集在一起制作而成。
装饰在四角的串珠是具有漂亮色泽的古物。在光线的照射下，
可以看到里布上的水珠花纹，给人以别样的美感。

organdy

6 手提包

制作方法详见第58页

这款包包被像画出来的自由曲线分割成几个部分，每一部分都分布着圆圈图案。
亚麻和棉布所具有的粗糙的质感中
混合着马海毛混纺织物的暖意和透明的主题图案的轻快感。
小巧的包包中充满了不同质感的素材组合在一起的乐趣。

丝绸 silk

想要制作一个晚宴包那样的可以在正式场合使用的漂亮包包的时候，素材的选择是最为关键的。山东丝绸加上装饰带，再镶一个古色古香的口金。微微的闪光是这款包包的一个亮点。

7 单肩包

制作方法详见第60页

天鹅绒 velvet

8 宴会手包

制作方法详见第62页

藏青色的天鹅绒加上白色针脚，搭配哈密瓜纹的缎子，
这款宴会手包给我们带来不同的质感光泽享受。
翻开包包就会发现，这是由布圈扣住纽扣将主体的
两部分固定起来的一种设计。柔滑的流线型设计，
拿在手中超级舒适，肯定让你爱不释手！

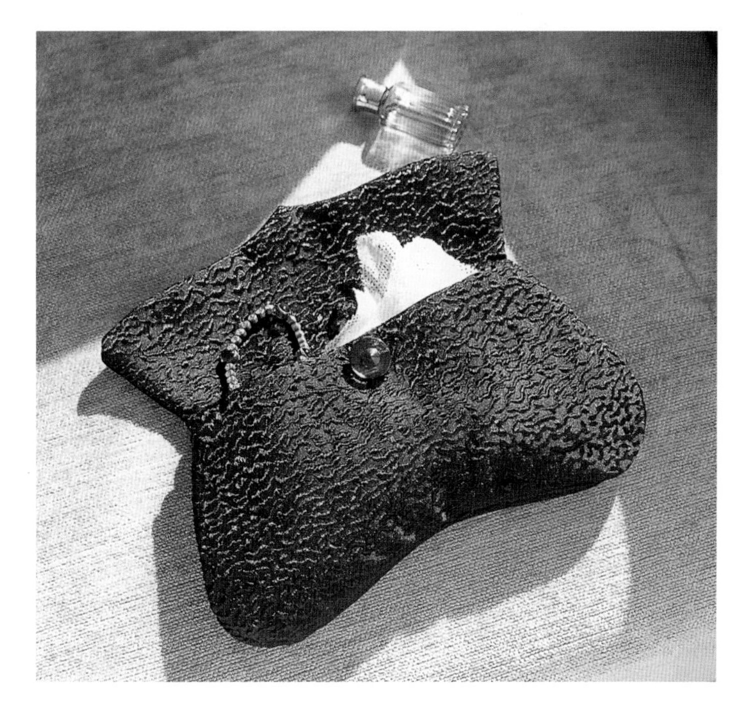

1950年制作于瑞典的sutaruhansu的器皿。我最喜欢的一个地方就是无论从哪个角度看它的曲线都特别美。表面光滑的感觉和蓝色的色调也特别引人注目。

我喜欢的形状

我特别喜欢能够给人以力度感、简单并且具有美丽外观的作品。如果仔细地观察一下已经深深地融入到我们日常生活中的那些器具的话，就会发觉存在于那些使用极为方便、简洁的作品中的质朴之美。我认为只有拿在手中使用才能更为深切地体会到人们在探求其功能的过程中所产生的美感。我所钟情的北欧器皿就真正具有这种质朴之美。由于没有多余的装饰，正好可以通过在里边放入东西来考验使用者的品位。

拼布艺术亦是如此，手提包和小包包既是我们所使用的“器具”，那么使用方便就是最基本的要求。正因为如此，进行设计就成了一项非常棘手的工作。设计整体的风格与外观、选择面料……虽然是一系列很头疼的作业，但也正是缝制工作的乐趣所在。

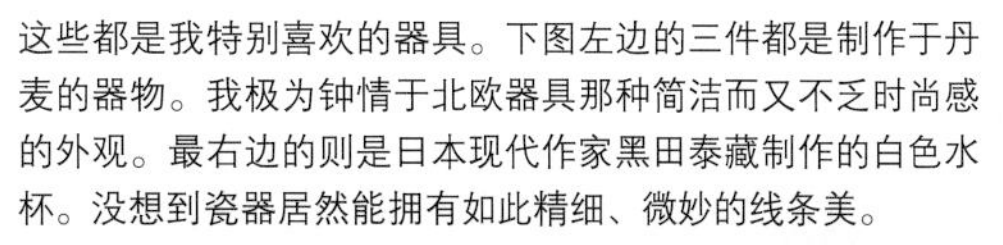

这些都是我特别喜欢的器具。下图左边的三件都是制作于丹麦的器物。我极为钟情于北欧器具那种简洁而又不乏时尚感的外观。最右边的则是日本现代作家黑田泰藏制作的白色水杯。没想到瓷器居然能拥有如此精细、微妙的线条美。

平滑的曲线 curved line

9 手提包

制作方法详见第64页

这是一款一看到中部外翻的“衣领”和镶有扣子的
口袋便会让人想到夹克衫的稍稍有点滑稽味道的包包。
蓬蓬的圆圆的外形是由六边形的底部加上边条和
四片表布缝合而成的。
固定提手的纽扣是决定包包整体外形效果的关键，请一定要选择
特别精致漂亮的。

叶形 leaf

10 首饰托盘

制作方法详见第66页

这是一个可以收纳取下的戒指和耳环的树叶形状的首饰托盘。
采用了两侧绗缝、两端捏缝的非常简单的制作方法，
两端则装点有叶子形状的小配饰和精心挑选的纽扣。

苹果形 apple

11 手提包

制作方法详见第68页

这款包包使用的是给人暖暖感觉的扎染毛料。

可爱的苹果形状是由三片纸样和船形底部构成的。

加强外侧线条感的曲线和口袋部分的直线绗缝带来了别样的变幻感。

八边形 octagon

12 小巧斜挎包

制作方法详见第70页

这款圆圆的可爱的斜挎包包采用的是圆圈加八边形的图案。
虽然全都是直线缝合，但通过三种三角形的组合
却形成了一个完美的八角形。
不同的布块组合在一起，给人带来了新鲜的立体享受。

13 单肩斜挎包

制作方法详见第72页

这款单肩斜挎包设计成具有圆滑边角的三角形外观，
还采用了从肩膀上很自然地沿着人体斜挎下来的设计风格。
缝接格子纹先染布与条纹布的
带子上散落着叶子贴布。

三角形 triangle

伸缩形 flexible

14 两用手提包

制作方法详见第74页

放入不同的物品就会呈现不同的形状，
从而使用不同的携带方法。
不定的外形正是这款包包的魅力所在。
既可以折叠起来携带，还可以伸展开来放入更多的物品，
是一款超级方便的包包哦。
素材使用的是经过防水处理的涂层面料。因为使用的是具有弹性的面料，
所以在折叠上半部的时候依然可以保持好看的外形。

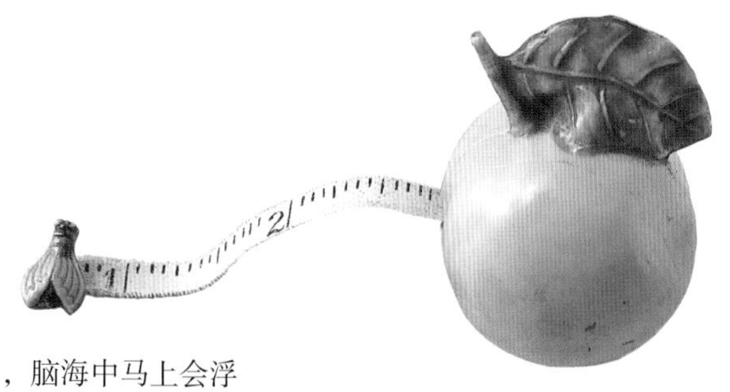

我喜欢的色彩

说到“喜欢的颜色”，脑海中马上会浮现出象牙色、褐色、单色系等等。就拿棕色来说，有橙色系的茶色和带点枣红色的茶色等不计其数的微妙色彩。即使采用同一款设计，由于色彩的选择、组合方法的不同，也会产生完全不同的效果。看到一个作品我们甚至能够由此了解创作者的生活方式和思维方法。

我喜欢的都是一些特别基础的颜色。在创作时，我会根据不同的作品和设计将需要的颜色重叠起来。配色的关键就是要把那些不同的颜色和图案协调地搭配在一起。

不知不觉中收集到的纽扣、串珠、小饰件……虽然素材和形状各不相同，但都是我喜欢的色彩。象牙色、单色系、棕色、土黄色……按照颜色的不同，分类整理了一下就变成了我喜欢的东西的样本啦。

蓝灰色 blue gray

15 迷你壁饰

制作方法详见第67页

这是一款在透明的蝉翼纱上飘浮着泡泡一样的主题图案的蓝灰色调的壁饰。

把古色古香的纽扣、小饰件、串珠花，原毛面料的手镯、

戒指等所有的素材利用蕾丝线和串珠串接在一起。

左侧的花边部分是从衣服上装饰的褶边上剪下来的。

凡是我认为有意思的东西都成了作品的素材。

土黄色 earth color

这款包包采用的是接近于素色的细小格子纹面料和条格平纹面料，近似干燥砂土的土黄色。具有非洲花纹风格的原始图案也巧妙地融合了进去。另外，为了充分凸显印象派的贴布风格，包包的整体外观采用了简单大方的设计风格。

16 手提包

制作方法详见第80页

单色系 mono-tone

只用色调低沉的单色系来制作作品时，质感和图案等素材的选择非常重要。
包包上随意的八边形就好像是河滩上一个个的小石子。这些形色各异的单色系布块缝合在一起，仿佛是一些棱角变得圆滑的小石子摆放在上边一样。这也是一款非常别致漂亮的包包哦。

17 手提包

制作方法详见第78页

本白色、米黄色 ecru & beige

18 手提包

制作方法详见第82页

很喜欢亚麻和厚棉布素材不加任何修饰的自然色。

搜集了从本白色过渡到米黄色的各种布块，然后随意地缝合在一起，制作成一款收口手提包。

其中刺绣风格的深浅不同的米黄色针脚，成为本款包包的一大亮点。

使用的是赛璐珞制成的古朴风格的提手。

19 单肩包

制作方法详见第84页

这款包包采用的是先将两片同样图案的布块缝合，然后在四周进行滚边处理的设计思路。为了从肩带部分至中间部分呈现出一倾而下的效果，特意缝制了不规则的布块。里布也是这款包包设计的关键，所以一定要选择与整体效果协调的布料。

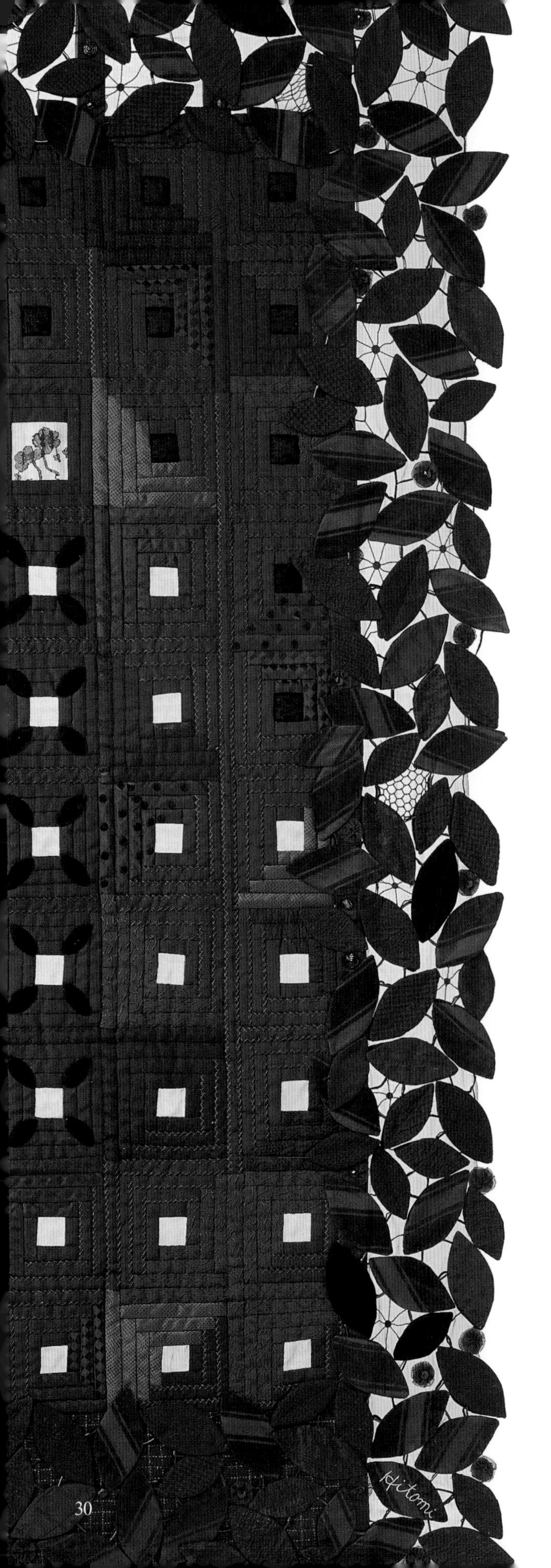

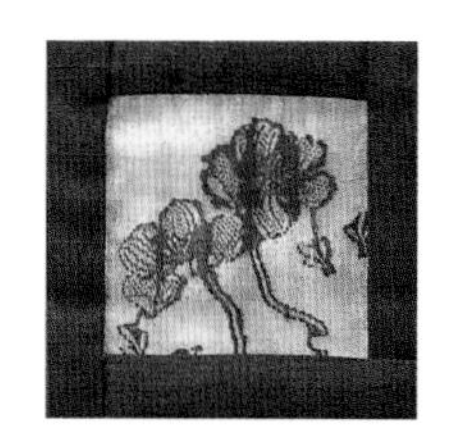

我喜欢的图案

我特别喜欢随意设计具有传统风格的图案。另外，自己描绘线条设计独特的图案作业也是我非常喜欢的。这个时候，我就想要创作极为时尚流行的作品。总之，我还是希望能以“简单即最好（Simple is best）”为基本理念，创作出异于他人的具有自己独特风格的作品。

这是正反两面都可用的原木小屋风格的保暖毯和树叶主题图案的组合。被命名为“森林的信息”的表布是从白色过渡到深色的渐变层次，里布作为“神宿森林”集聚了不同质感的黑色，给人以神秘时尚之感。传统图案的魅力就在于不同制作者所创造出来的百般变化之美。

木小屋图案 log cabin

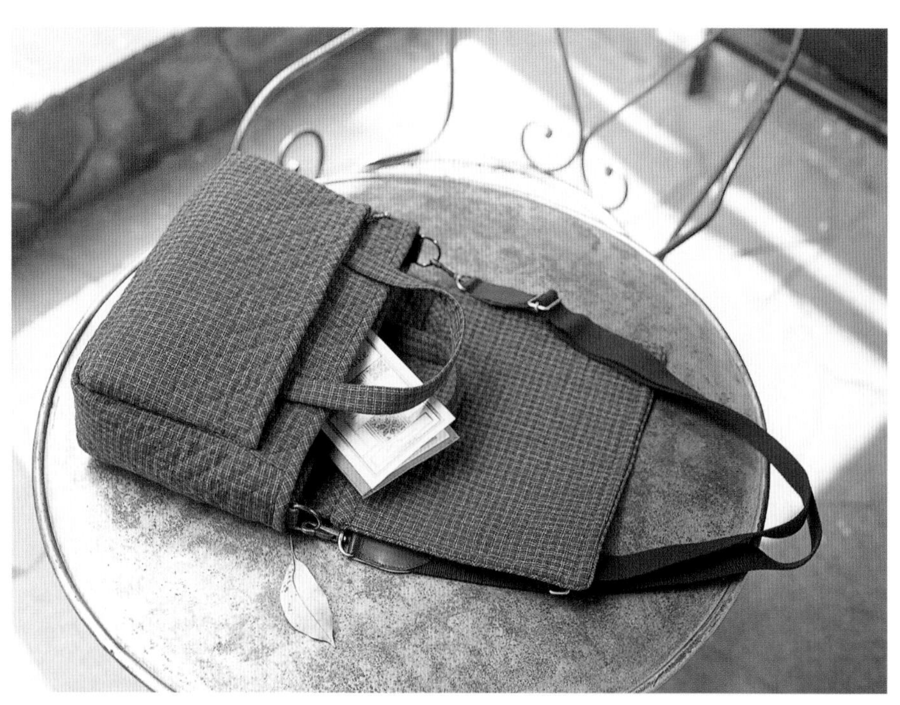

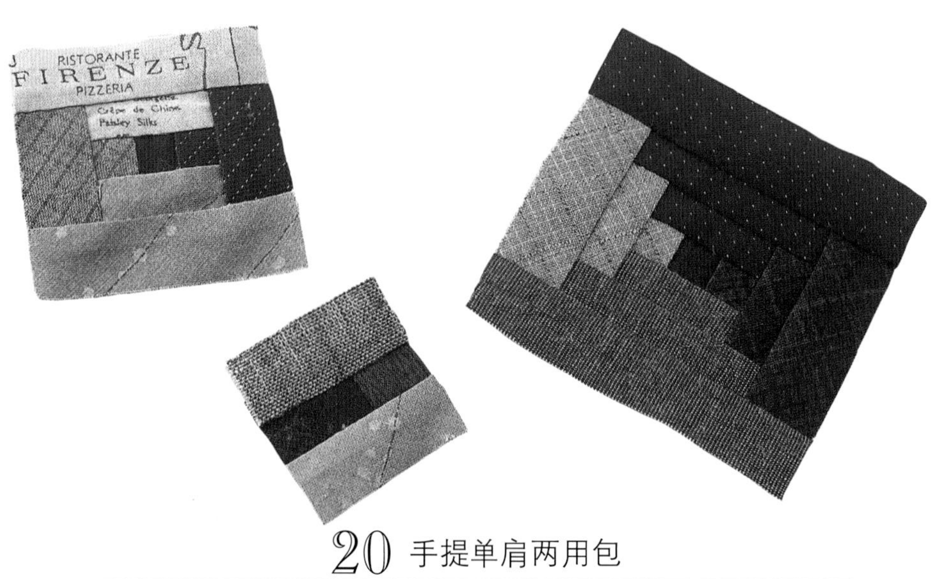

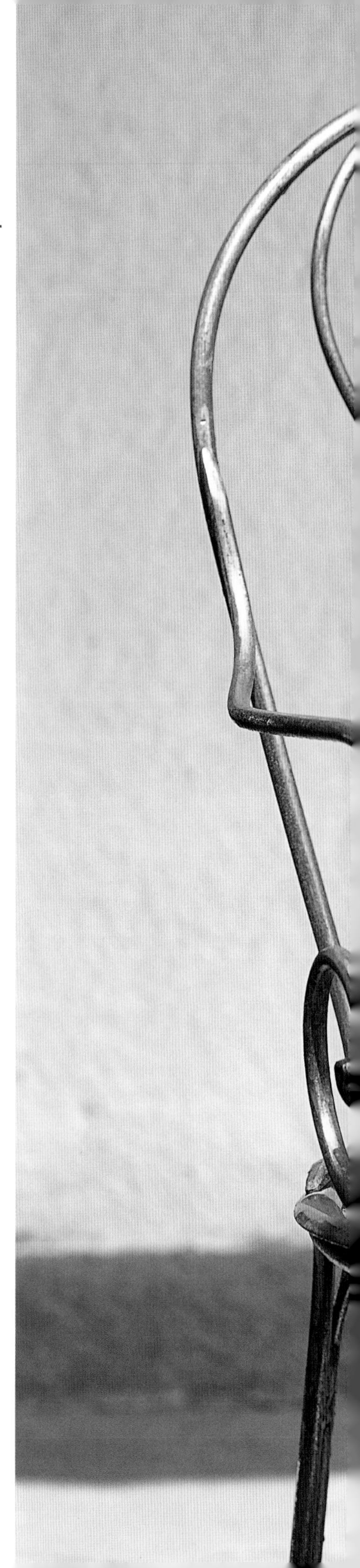

20 手提单肩两用包

制作方法详见第85页

布块的大小和色彩搭配的不同产生的不同变化正是小木屋图案的乐趣所在。

“法院的阶梯”加上明暗对比的配色制作而成的雅致包包，

肩带可装可卸，也可以作为单肩包使用。

六边形图案 hexagon

21 零钱包

制作方法详见第88页

这是一个正面将边长1cm左右的小六边形布块细致拼接起来，带有拉链的小包包。
背面镶嵌有看起来像花朵的主题图案。
打开包包，里边有两个正好可以放入卡片的口袋。
这是一个结合了小包的使用方便性和针线活的乐趣的实用零钱包。

菱形图案 diamond

菱形的布块上绣上交叉刺绣图案，编织成和谐的多色菱形图案。口袋上镶上罗纹编织的边条，这是给人一种毛衣感觉的设计风格。线形图案和编织物的组合是一个颇具新鲜感的设计。

22 单肩包

制作方法详见第90页

拼布单型版图案 one patch

23 卡片包

制作方法详见第76页

也许很多人的初次拼布作业都是从布块开始的吧。
仅仅一个型版就可以制作的简便性是其一直以来的魅力。
只要放入卡片夹就可以使用，制作方法也很简单。
你不妨用自己喜欢的布块制作一个。

加州公路图案

24 单肩斜挎包

制作方法详见第94页

“加州公路”是像十字一样上下、左右
向四周扩展延伸的图案。
通过将几片布块排列在一起，相邻的道路
连接在一起，图案就会产生扩散延展的效果。
这款单肩斜挎包非常适合那些喜欢自行车旅行的
朋友们，大家不妨试试吧。

25 小包包

制作方法详见第96页

虽然有很多以星形为主题的图案，但是我的星星则像流星一样，用手绘风格的条纹和绗缝线条来突出强调其拼布风格。拉链部分也有滚边，包里可放入很多东西。

星形图案 star

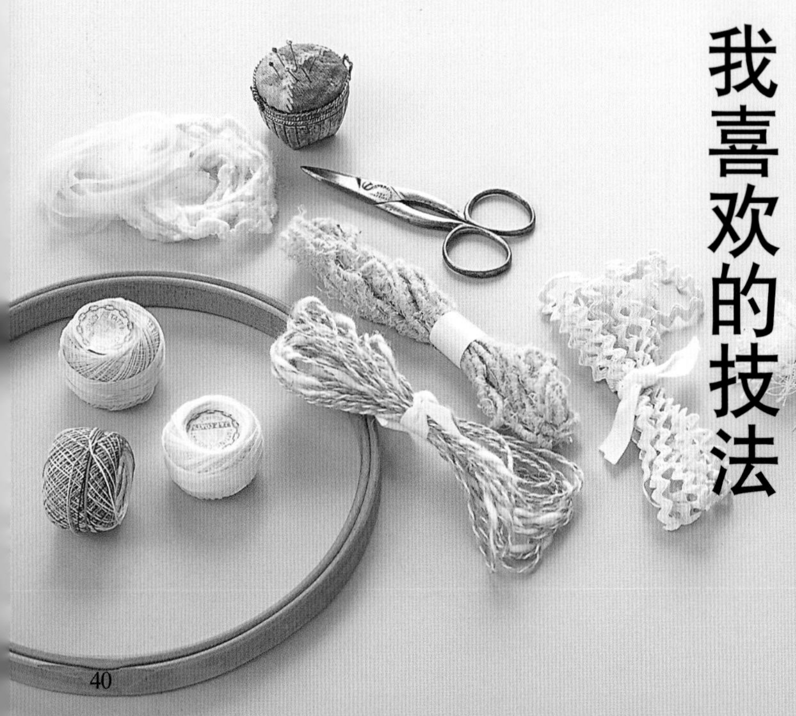

我喜欢的技法

有时不仅仅是拼布，我们还可以使用各种各样的技法来享受缝纫工作的乐趣。花式毛线、串珠、纽扣和缝纫小工具或是杂志的剪纸画等都可以粘贴在具有独特魅力的素材上。刺绣和贴布自不必说，引入编织的技法，按照车和鞋子的素描直接拼缝成相应的造型，这种具有立体感、表情丰富而又随意的创作风格也是我的个人风格之一。各种各样的素材都能激发我的创作灵感，尽力探索不同的外形，将那些贴近心灵的色彩的素材聚集在一起，而我的拼布工作就是把它们完美地组合在一起。拥有自己所喜欢的东西，拥有能够自由表达的那种感觉，享受创作乐趣的拼布技法，让我由衷地感觉到幸福。

拼贴画 collage

26 挂画3款

制作方法详见第92页

我的作品中出现的并非只有布一种素材，
麻线编织的篮子和把丝线缠成圆形图案的自由粘贴，
也可制作成花卉拼贴。
在贴布绣和刺绣中加入不同风格的做法，
使得平面小空间一下子变得立体起来。

贴布缝 applique

27 手提包

制作方法详见第98页

米色系的六边形布块上配上质朴的野花贴布。
使用微妙色彩的拼布作为底布，
整体给人一种深邃的感觉，
贴布绣也会显得活灵活现。
包包的外形设计简单，
更加烘托出随风摇曳的花朵的可爱。

造型 formative

前侧、后侧、底部……与这种常用的缝制方法不同，尝试使用细带子作为包包的底布来塑造包包的外形。

将纯毛料的带子交叉缝合，以形成包包特殊的外观。

上边装饰的Yoyo布是用纯毛料碎布剪裁制作而成的。里边是钱袋形的里袋，使用起来非常方便。

28 手提包

制作方法详见第100页

素描与图案

sketch & motif

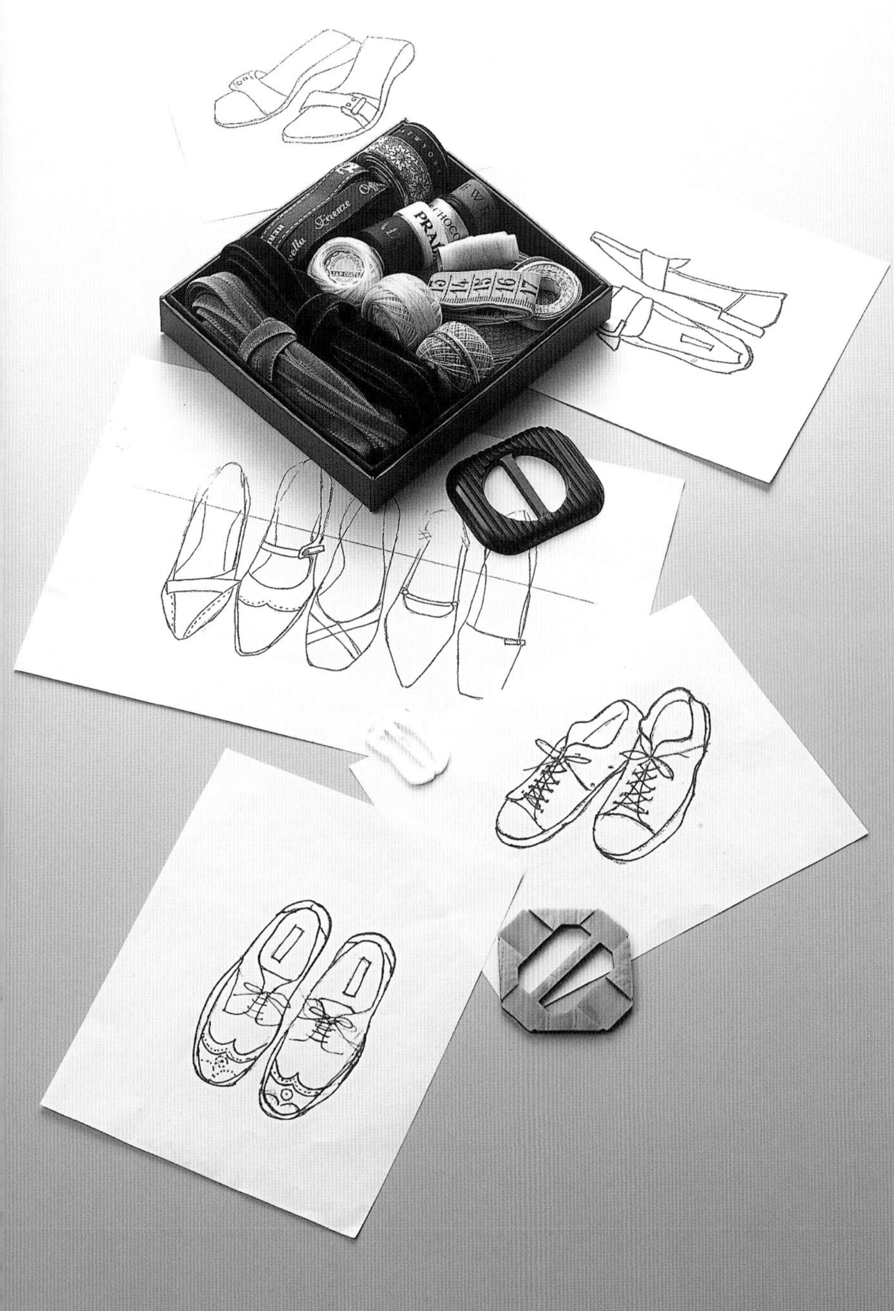

29 迷你壁饰

制作方法详见第102页

帅气的皮鞋、带有饰带的浅口女鞋、旅游鞋和凉鞋……
用勾勒出自己喜欢的鞋子的素描线条，制作迷你壁饰。
鞋子图案加上皮质滚边，给人以真实的感觉。
镶有商标名字的装饰带更增添了趣味感。

我的爱好 my amusement

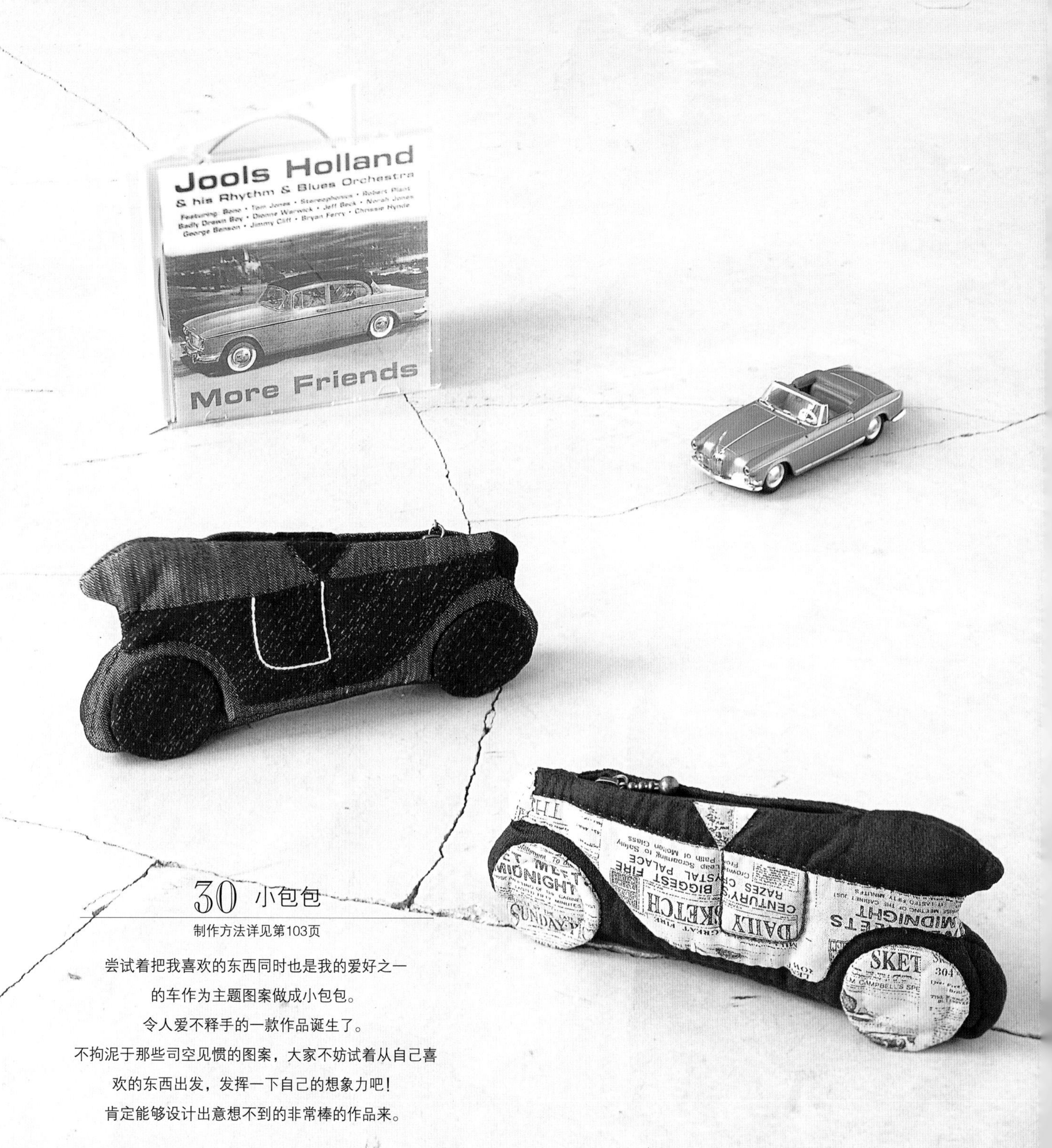

30 小包包

制作方法详见第103页

尝试着把我喜欢的东西同时也是我的爱好之一
的车作为主题图案做成小包包。
令人爱不释手的一款作品诞生了。
不拘泥于那些司空见惯的图案，大家不妨试着从自己喜
欢的东西出发，发挥一下自己的想象力吧！
肯定能够设计出意想不到的非常棒的作品来。

作品的制作方法

How to make

★ 制作方法示意图中，没有特别标记的情况下，尺寸单位均为厘米（cm）。

★ 制作方法示意图、纸样若无特别说明，均为成品尺寸。

★ 裁布的时候缝份请适当加宽。一般情况下，贴布时需要多留0.5cm、缝合时需要多留0.7～1cm的缝份。请根据面料和作品进行调整。

★ 材料中写有“碎布适量”的作品，请将手头的布料依据自己的喜好组合使用。

★ **材料** 拼布用布…灰色、黑色、藏青色等11种毛料碎布各适量，滚边、侧身、拉手、贴布用布…灰色纯毛料人字呢40cmX60cm（含滚边用斜纹布4cmX70cm），里布…110cmX50cm，铺棉…50cmX55cm，25cm长拉链1条，宽1cmX47cm皮质提手1对（附带有宽2cm的D形扣）

★ **成品尺寸** 请参照成品图

★ **制作方法**

① 拼布主体表布。请参照本书最后所附的实物大小纸样进行缝合，缝份采用搭接缝。事先标记好上下的完成线，剪齐1cm的缝份。

② 把①和口布进行缝合，抽出0.5cm主体缝份的丝线将其变成抽纱边。

③ 把②和里布之间放入铺棉进行疏缝，主体部分采用绗缝。

④ 准备好贴布用布（裁开），抽出四边0.5cm的丝线，将其变成抽纱边。然后用半回针缝缝在③上。

⑤ 口布部分绗缝。

⑥ 口布的边缘滚边。

主体制作示范（裁掉贴布用布）

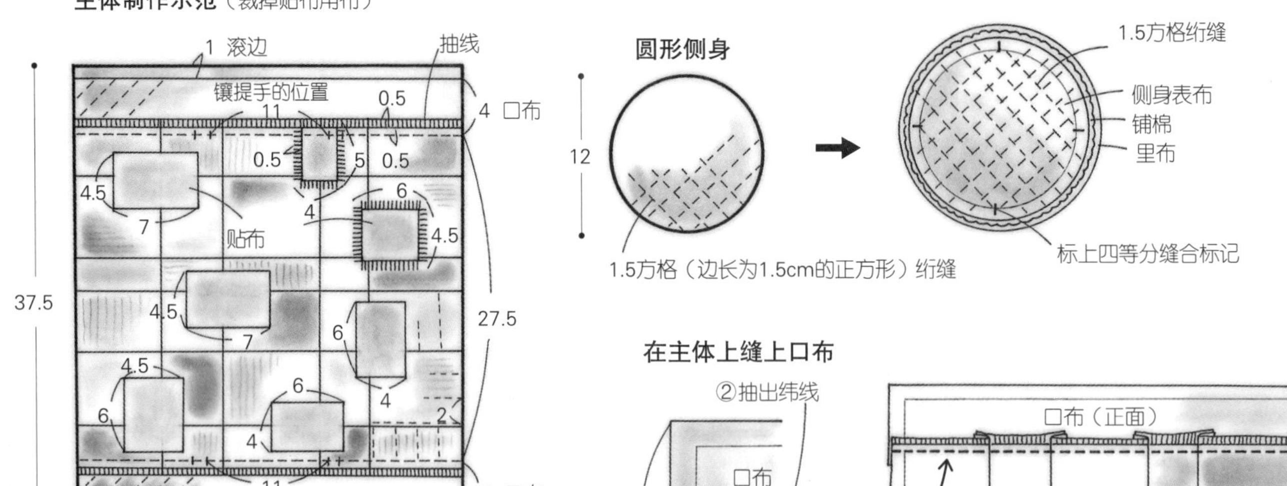

拼布请参照实物大小纸样
布块相接处采用落针压缝

在主体上缝上口布

②抽出纬线
口布（正面）
5
0.5
1
1
主体（正面）
①采用较密的针脚进行半回针缝
口布（正面）
主体（正面）
口布（正面）

在主体上进行绗缝和贴布缝

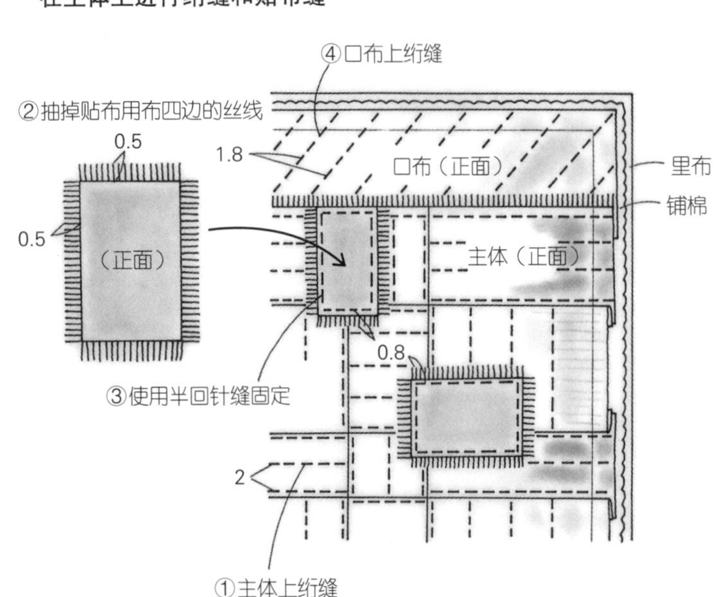

对口布边缘进行滚边

叠放在一起半回针缝

里布
铺棉
4 斜纹布（背面）
口布（正面）

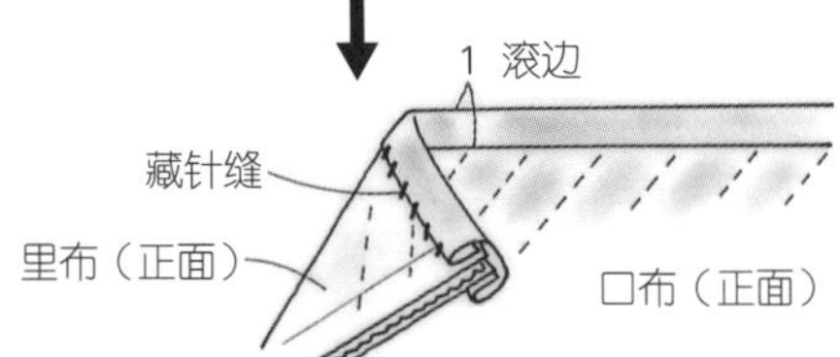

⑦ 把口布疏缝在一起，从两端开始各卷针缝3.5cm，把主体做成筒状。
⑧ 制作拉手并将其缝在滚边上。
⑨ 制作两块圆形侧身。表布和里布之间放入铺棉进行绗缝。
⑩ 将主体和布块缝合在一起，沿标记的四个地方缝制。用里布剪出的斜布条滚边处理。
⑪ 把提手的D形扣牢牢地固定上。
★ 主体的实物大小纸样在本书附页A面。

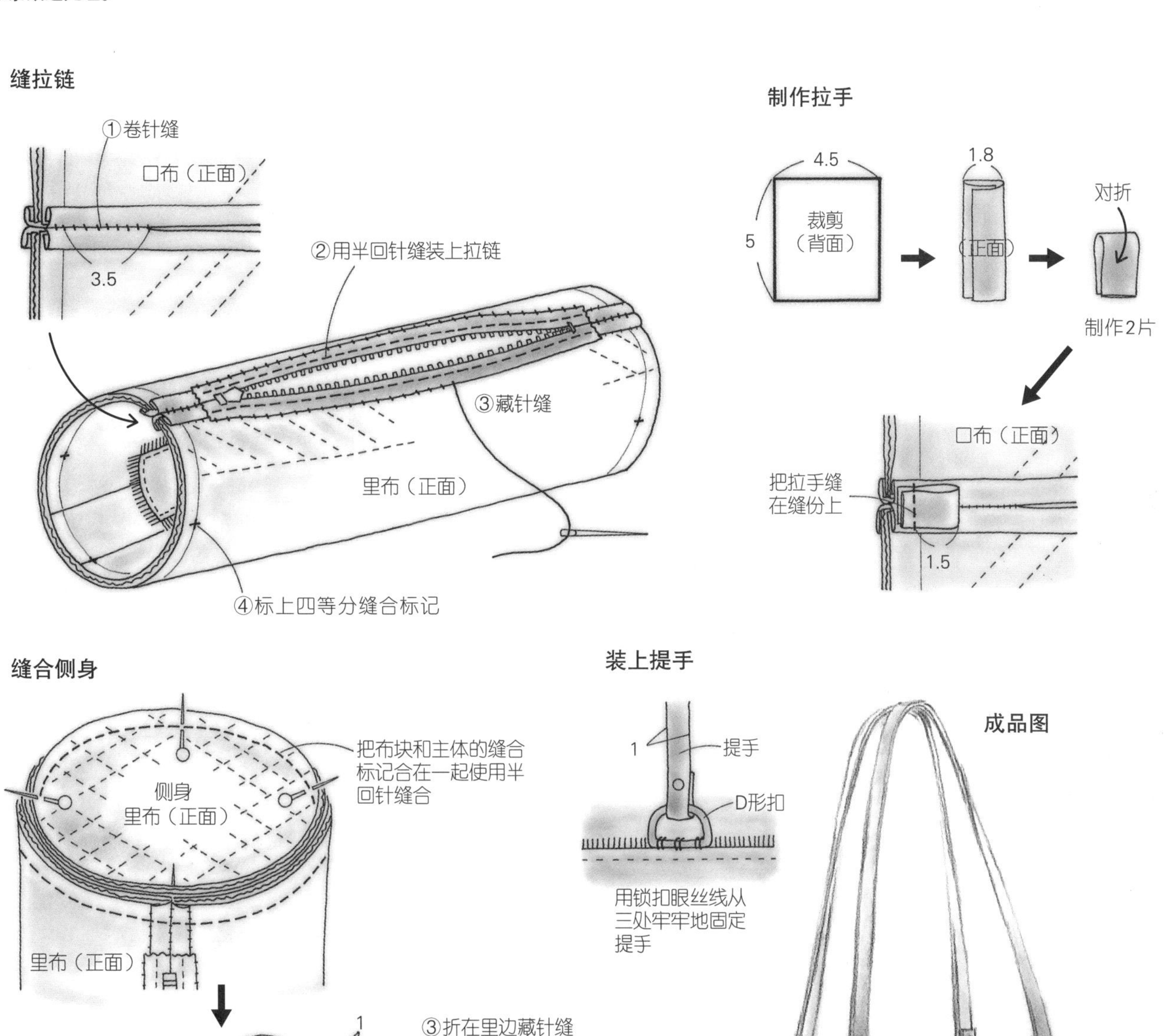

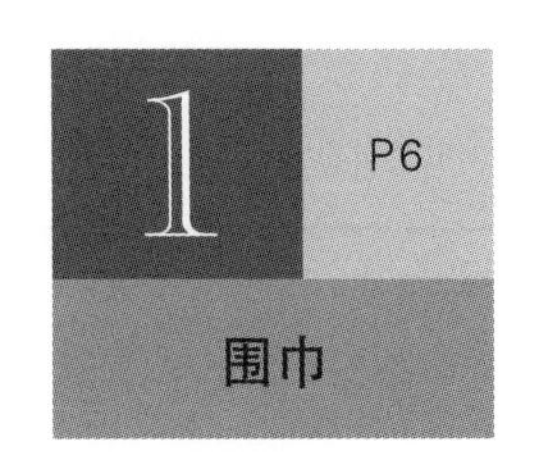

★ **材料** 拼布用布…藏青色、灰色、黑色等纯毛料碎布适量，里布…藏青色条纹天鹅绒20cmX80cm

★ **成品尺寸** 请参照成品图

★ **制作方法**

① 制作拼布用表布。

② 制作和①一样的里布。沿着条纹的方向剪裁缝制。

③ 对齐表布和里布，缝合上下较长的一边和A、B的除了围巾插口的其他部分。

④ 把③从返口翻至正面，进行绗缝。

⑤ ③中未缝的围巾插口的表布和里布进行藏针缝处理。

⑥ 把A和B拼合在一起，从背面利用卷边缝针法缝合围巾插口以外的部分。

⑦ 将表布和里布的两端各抽掉1.5cm的丝线，以做成抽纱边。

⑧ 将围巾插口的上部缩缝，以呈现出褶皱效果。

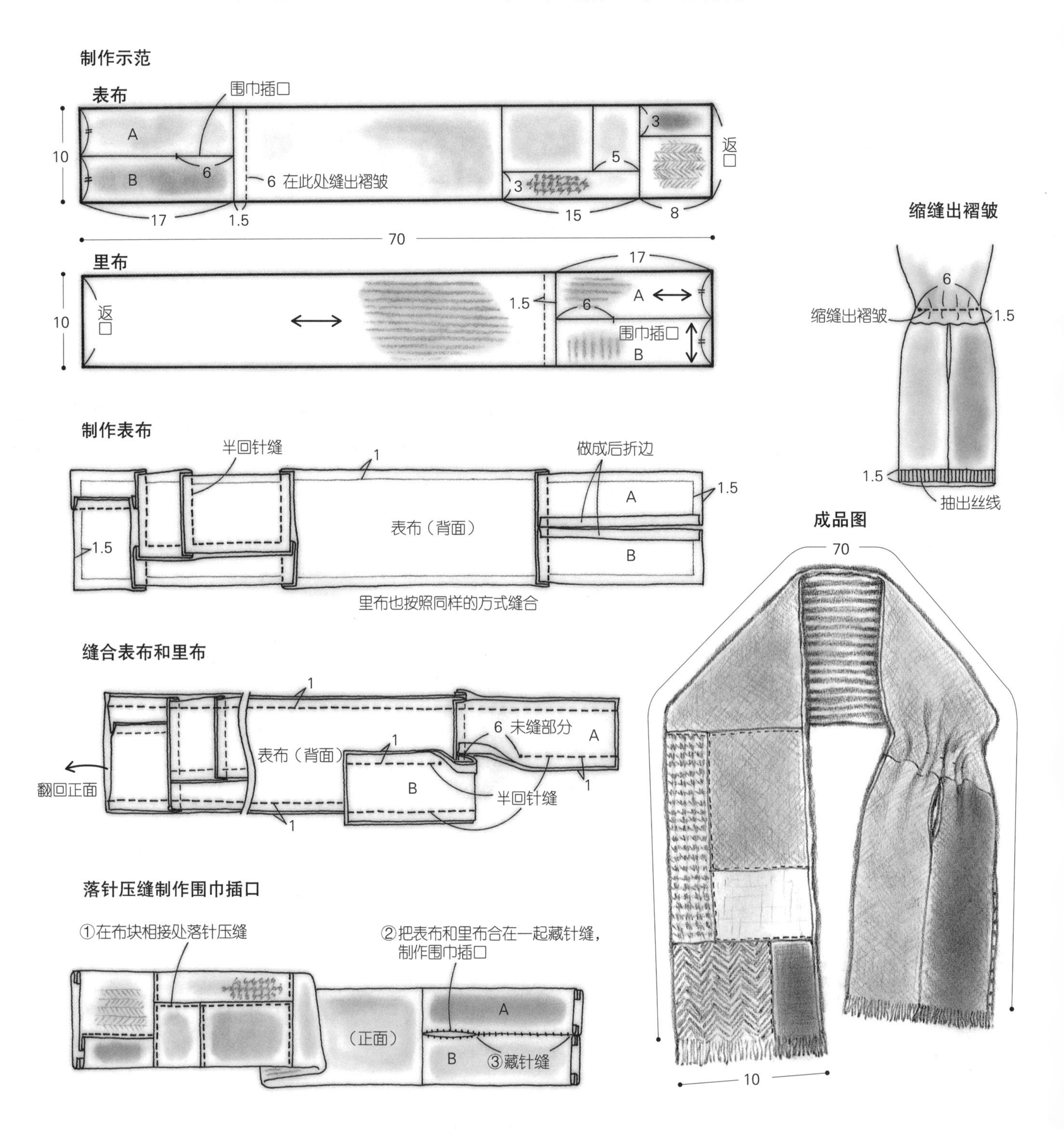

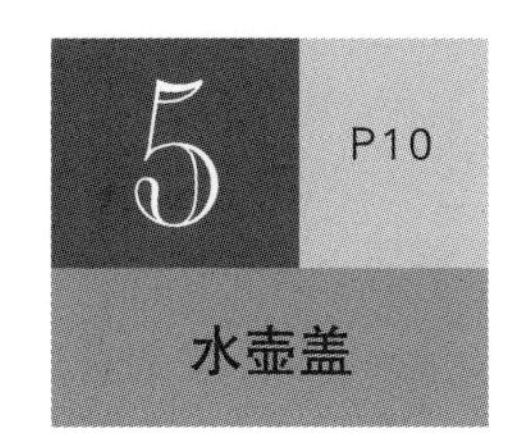

★ **材料** 拼布用布…本色棉蕾丝、土黄色蝉翼纱、白色细麻纱布等碎布适量，里布…白底水珠花纹印花布25cmX25cm，3种串珠各适量

★ **成品尺寸** 20cmX20cm

★ **制作方法**

① 制作拼布表布。

② 把表布和里布正面相对，留下返口后缝合。

③ 把②翻回正面，在返口处缝合。

④ 在③上进行绗缝。

⑤ 在四角缝上串珠。

★ **要点** 由于棉蕾丝和蝉翼纱等是透明面料，缝份留一定的宽度剪齐。为了不影响整体的透明感，里布最好选择浅色。

制作示范

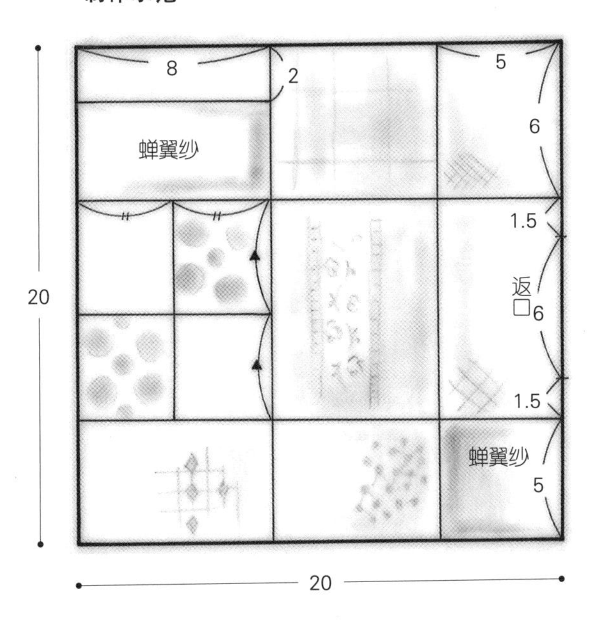

缝合表布和里布

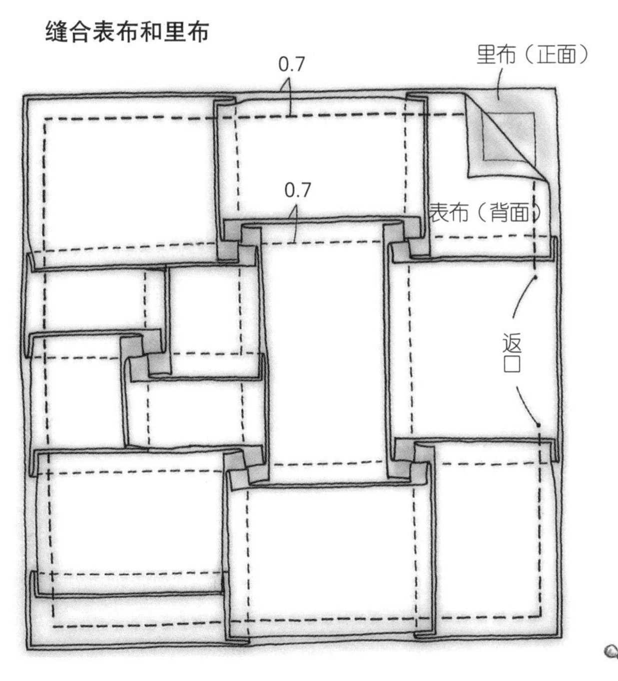

绗缝

缝上串珠

成品图

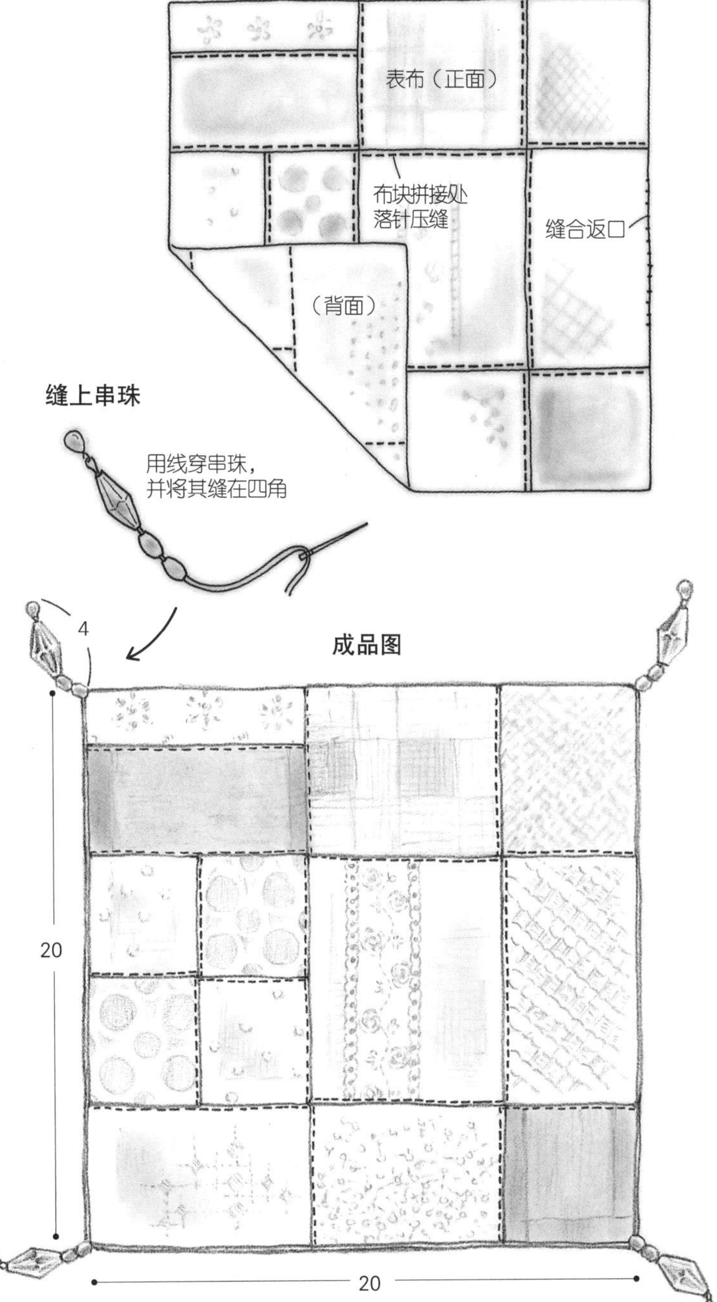

★ **材料** 拼布用布、贴布用布…茶色系和灰色系的含有印花、方格花纹、碎花等的碎布适量，斜格纹布、边条用布…米色系的色织方格纹110cmX270cm（含一部分拼布用布和滚边用斜格纹布4cmX680cm），里布、铺棉…各90cmX400cm，绣线…茶色25号适量，纽扣可根据个人喜好选择

★ **成品尺寸** 183.3cmX151.8cm

★ **制作方法** （布块的实物大小纸样请参照第55页）

① 拼布用布和贴布，制作边长8.5cm的正方形的蜜蜂图案。

② 制作20块拼接了①中的五片图案和边长8.5cm的正方形的布块。

③ 参照制作示范进行拼缝，制作格状结构和格状结构角。

④ 将②的布块和③进行拼接，完成中心部分的制作。

⑤ 在④的四周缝合边条A。

⑥ 进行补缀，制作边条B，并将其缝合在⑤的四边，完成表布制作。

⑦ 在⑥上依次重叠铺棉和里布先疏

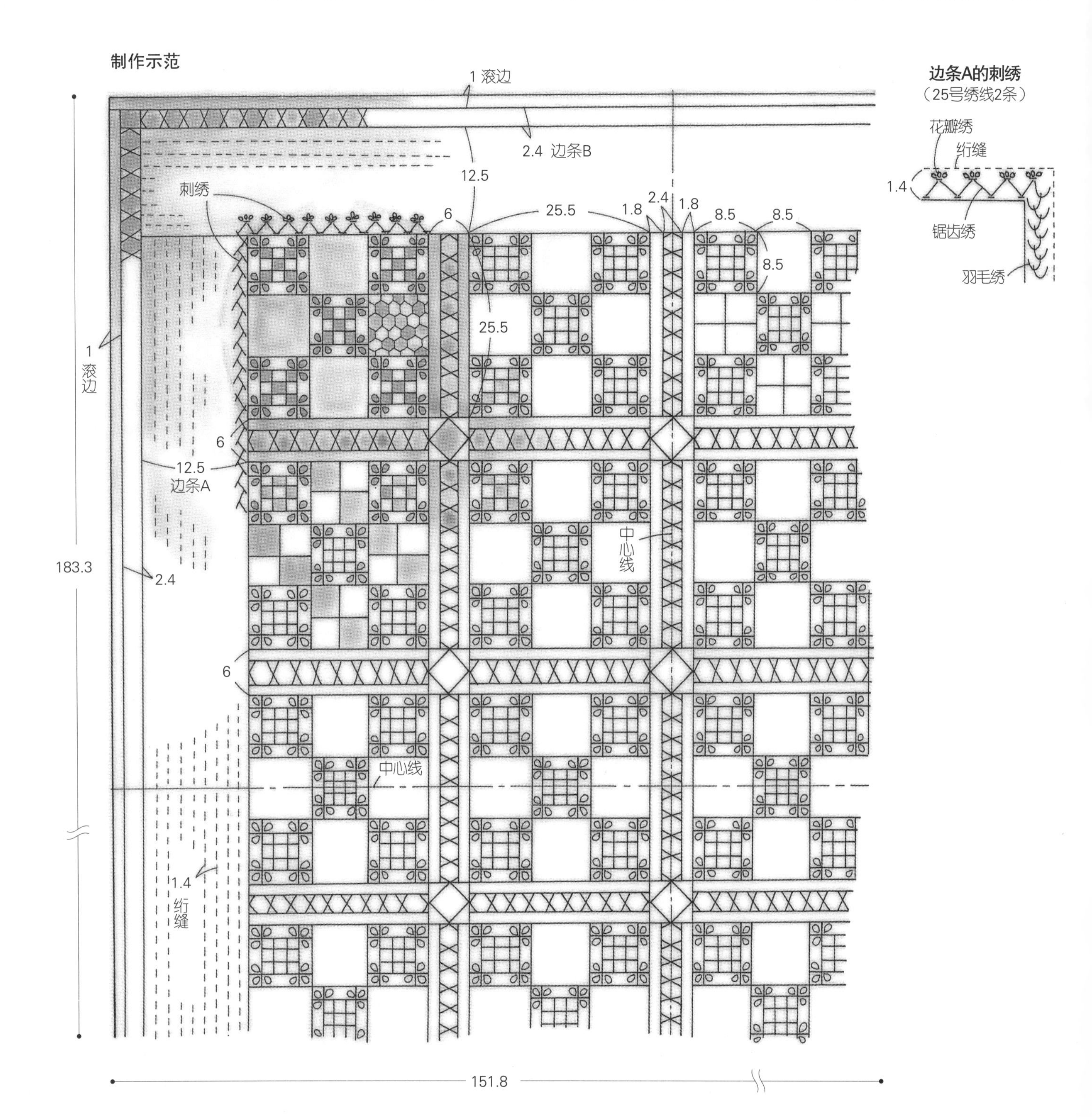

缝，再进行绗缝。

⑧ 将⑦的四周滚边。

⑨ 在边条A上刺绣。

★ **要点** 在拼接蜜蜂图案制作布块时，不仅仅是一块布而是根据个人喜好缝上边长8.5cm的正方形的四片式区块和六边形的布块。绣上图案、缝上扣子，再在局部嵌入一些大花纹的印花布，就会显得更加与众不同。这个部分的绗缝也可适当地调整风格。

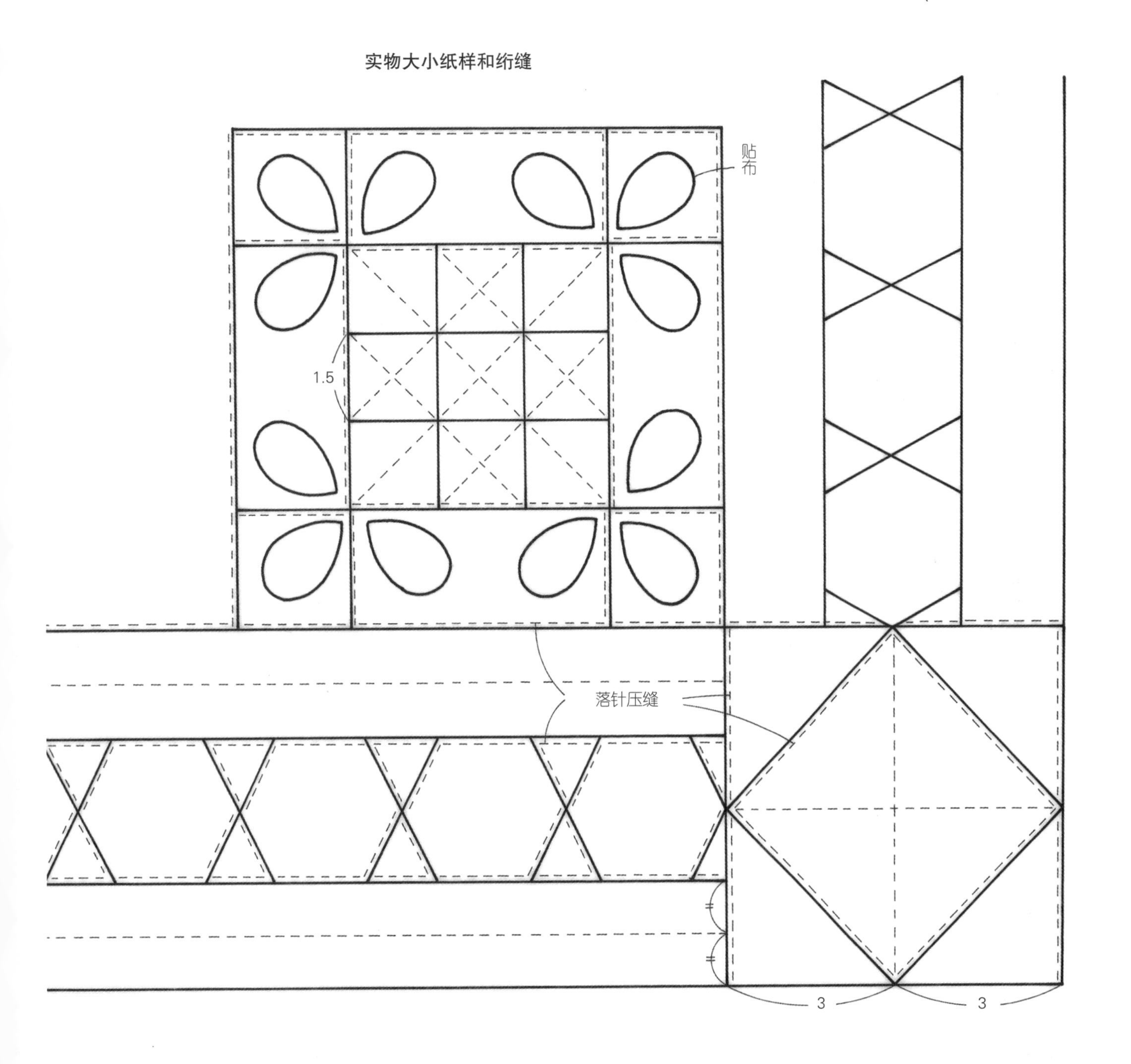

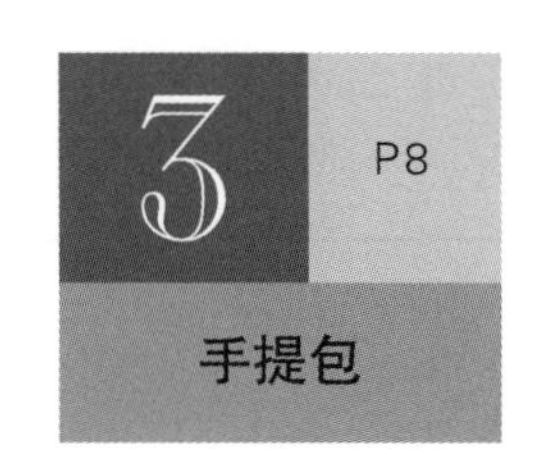

★ **材料** 拼布用布、贴布用布…茶色系和灰色系碎布适量，茶色系渐变色印花布110cmX40cm（含滚边用斜格纹布6.5cmX98cm），米色系的色织方格纹布110cmX270cm（含一部分拼接用布和贴边用斜纹布4cmX680cm），侧身、底面用布…米色系方格纹布15cmX100cm，里布、铺棉…各110cmX50cm，滚边（斜格纹布）…茶色方格纹5cmX190cm，宽1.5cmX42cm皮制提手1组（附带铆钉）

★ **成品尺寸** 请参照成品图

★ **制作方法**

① 用拼布用布和贴布用布，制作12片主体的图案。

② 把①和同一块布的布块拼接成黑白相间的方格花纹制作主体表布。

③ 在②上依次放置铺棉和里布先疏缝，再进行绗缝，制作2片。

④ 制作底面和与之相接的侧身。在表布上重叠铺棉和里布先疏缝，再进行绗缝。

⑤ 将②和④上部分别和滚边正面相

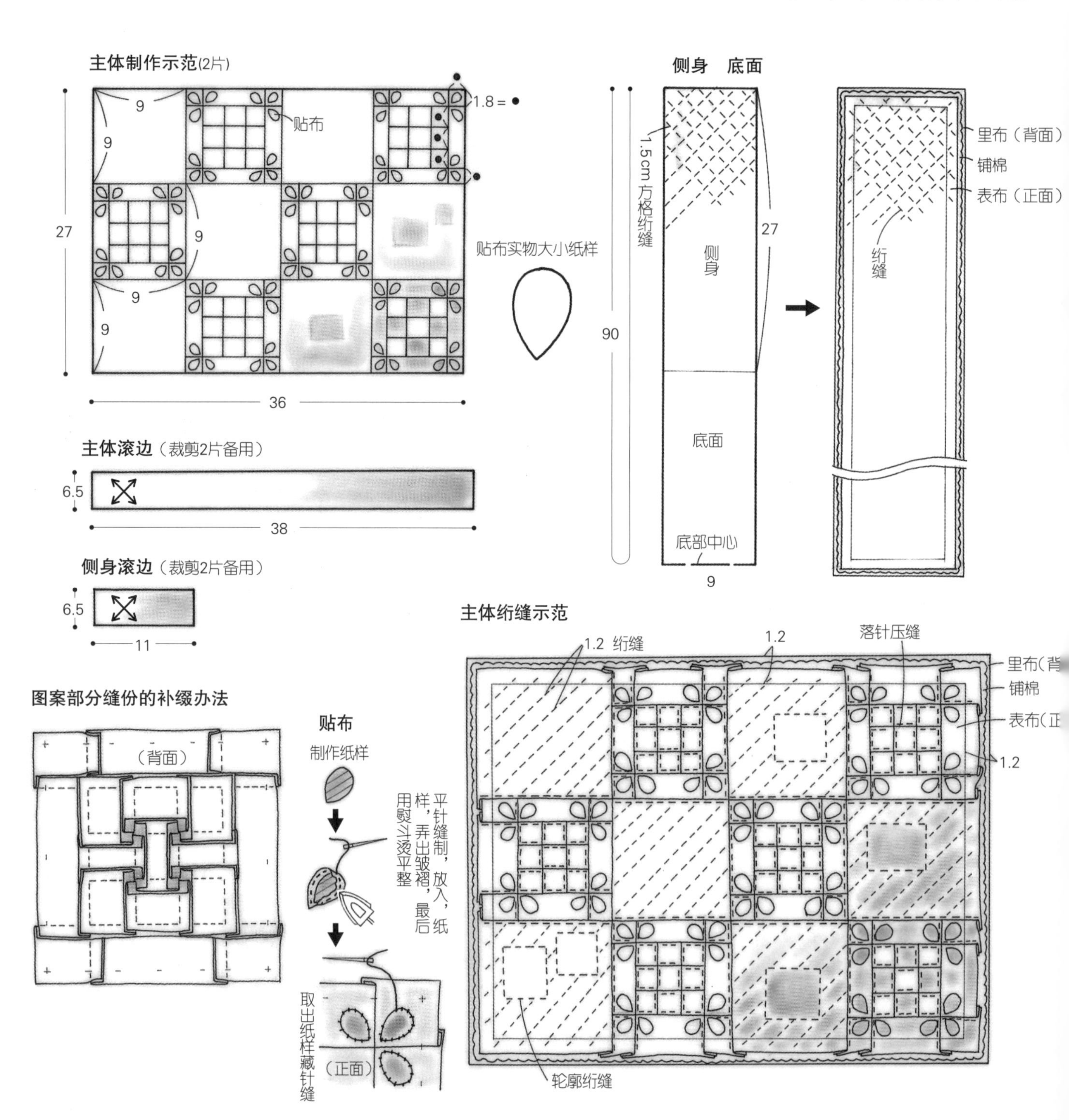

对缝合，再翻回内侧缝合。

⑥ 将侧身纵向对折缝合，制作出折边儿。

⑦ 把主体和侧身背面相对缝合，缝份部分滚边。

⑧ 使用铆钉安装提手。

★ **要点** 同一块布的布块使用的是类似于第8页图片上渐变色上印有四边形的布，可按照图案进行绗缝。如果使用手头的布来制作的话，也可在扎染的布面上缝入四方形贴布。

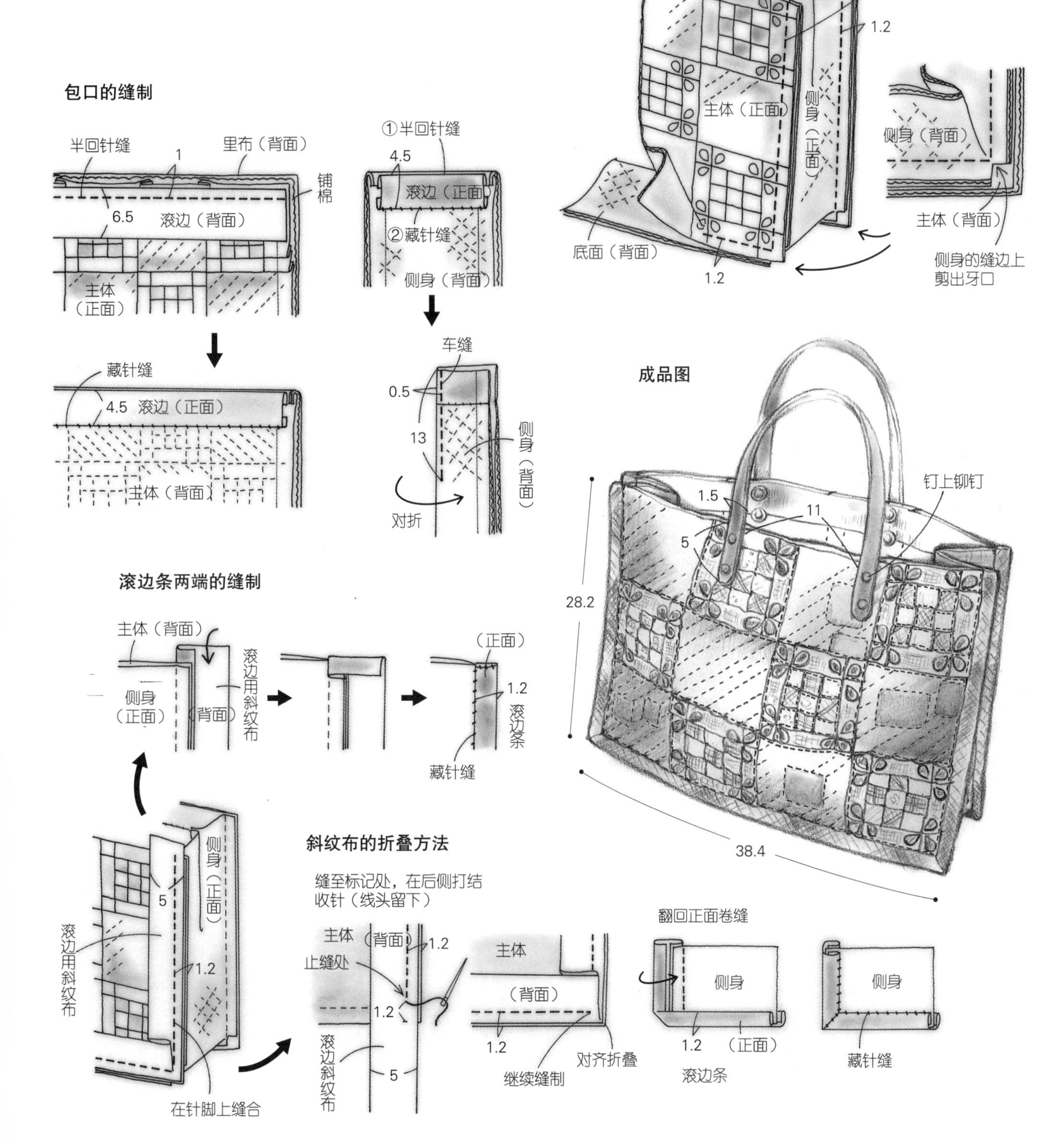

★ **材料** 拼布用布…米色和原色亚麻、帆布面料等碎布适量，拼花用布…茶色系亚麻、原色水珠花纹蝉翼纱各适量，后片、侧身、提手、带扣…灰白色帆布面料110cmX70cm（含滚边用斜纹布4cmX50cm），里布…110cmX50cm（含衬布），铺棉…70cmX50cm，嵌条用布…纯茶色（斜纹布）2.5cmX230cm，作芯用圆绳直径0.3cmX230cm，直径1.2cm磁扣1对，黏合衬适量，原色马海毛毛线少量，白色花形亮片8个

★ **成品尺寸** 请参照成品图

★ **制作方法**

① 制作主体前片表布。参照本书最后的实物大小纸样制作布块纸样，进行拼缝。制作A和B的贴布。

② 在①上依次放置铺棉和里布，先疏缝，再进行绗缝。

③ 同样地制作和②一样的主体前片和侧身。

④ 制作嵌条，疏缝以便于将其固定在距离前片和后片的成品线的内侧0.3cm处。

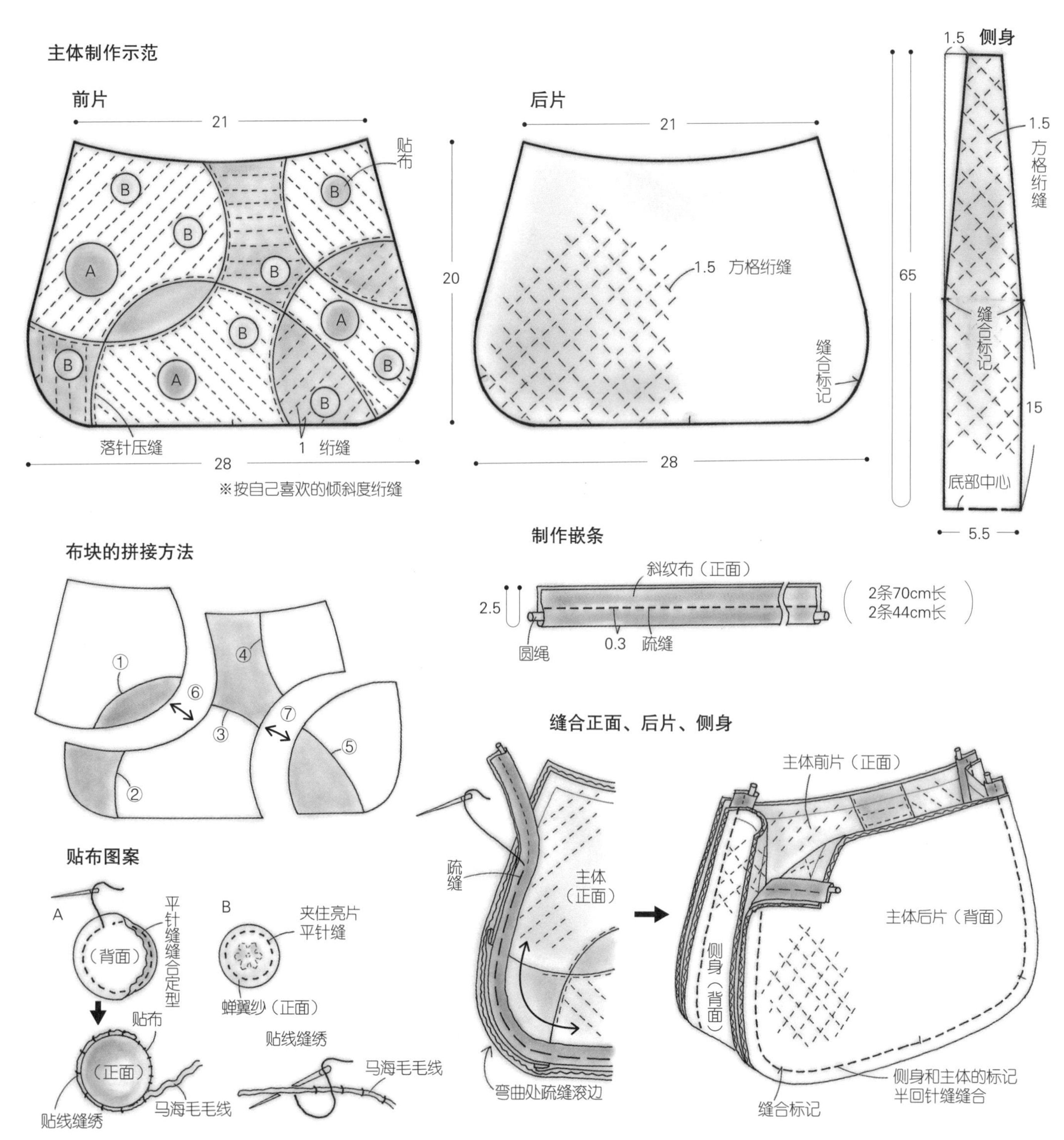

⑤ 将前片、后片和侧身背面相对。在标记处缝合。滚边用从里布上裁下的4cm宽的斜裁布条卷针缝合。
⑥ 包口进行绗缝。
⑦ 制作提手和带扣。
⑧ 把提手缝在侧身的背面，衬上衬布藏针缝。
⑨ 在主体的后片内侧装上带扣，缝上磁扣。
★ 正面的实物大小纸样请参照附页B面。

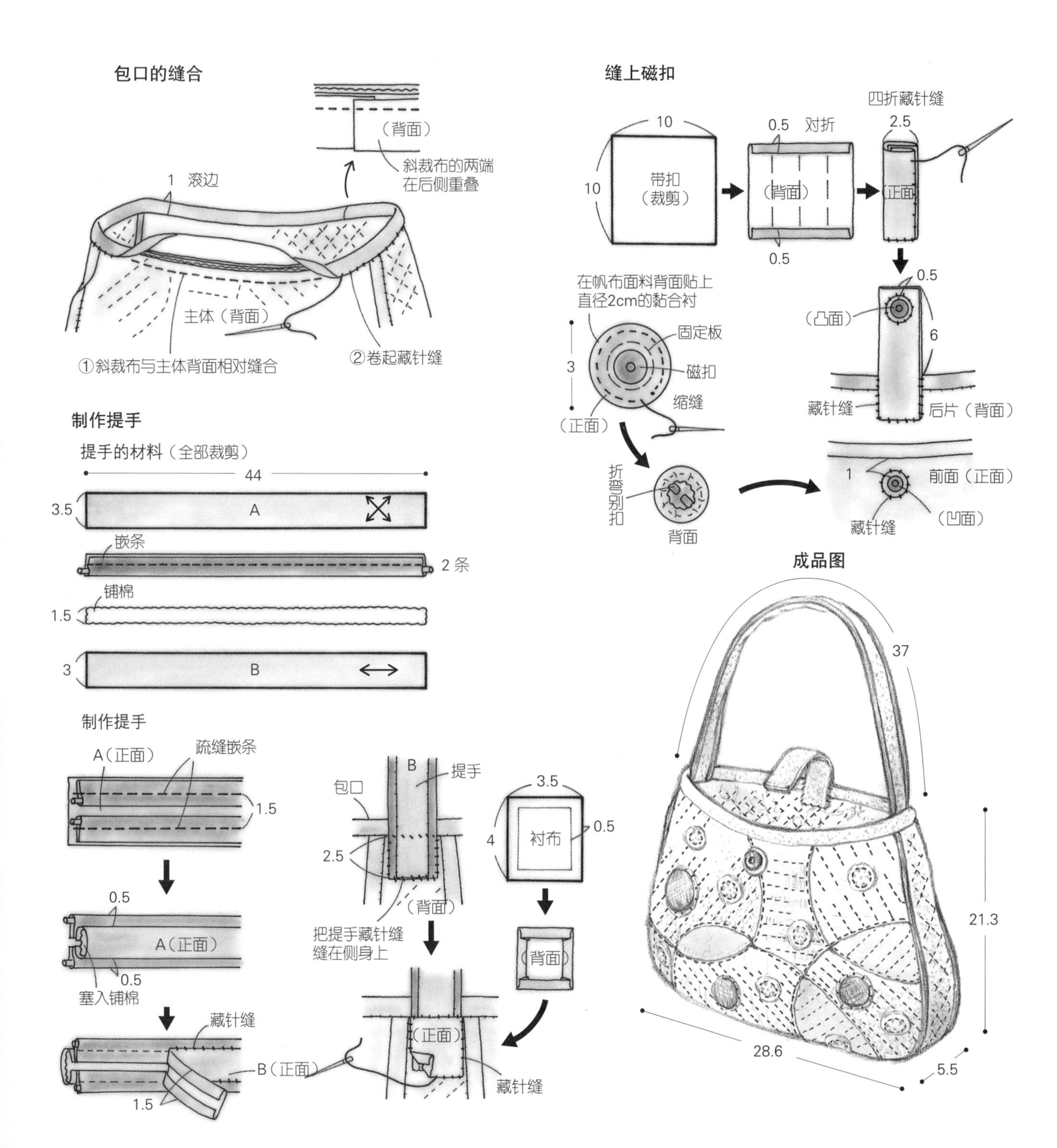

★ **材料** 主体…紫色系闪光色山东丝绸60cmX30cm，里袋、衬布、铺棉…各60cmX30cm，布带…宽0.8cm，白色平绒、宽1.2cm 灰色花朵图案、宽0.7cm 粉色缎纹织物、宽0.7cm灰色平绒各55cm，粉色串珠、长1.5cm灰色竹制串珠各适量，米色马海毛毛线少量，绣线…25号原色、粉色各适量，宽13.5cmX7.5cm的口金1个，长70cm链子1条

★ **成品尺寸** 请参照成品图

★ **制作方法**

① 把布带以藏针缝缝在主体表布上。

② 在③上依次放置铺棉和衬布先疏缝，再进行绗缝。

③ 在②上先刺绣，再穿上串珠。

④ 把③的正面相对缝合两侧。提前剪好缝份。

⑤ 按照④同样的方法制作里袋。

⑥ 在里袋侧边的上方剪开小口，将缝份折向内侧。平针缝制主体侧边的上方并抽褶（做成和里袋侧边上方同样长度）。

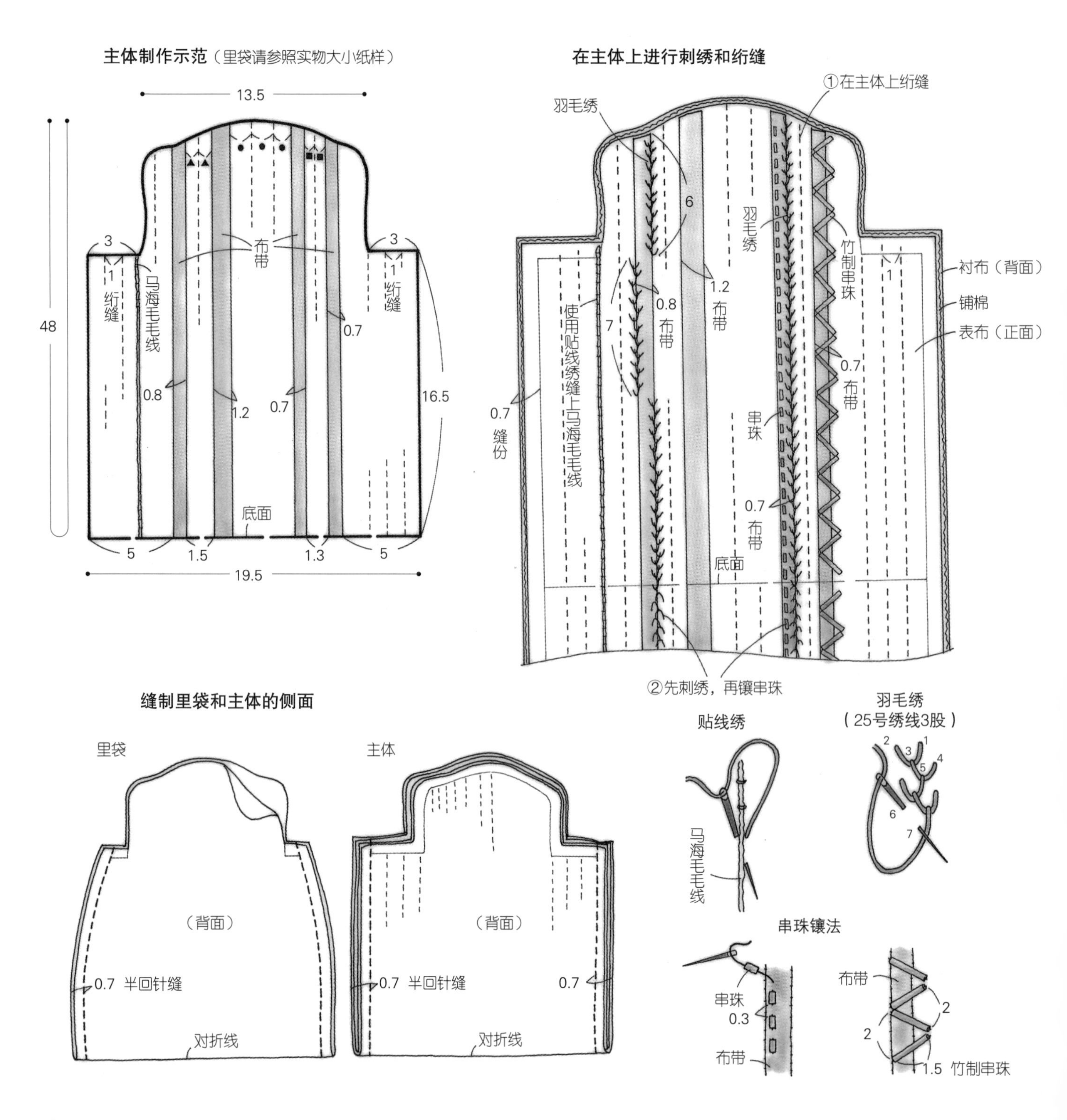

⑦ 将主体和里袋背面相对，以藏针缝缝合侧边上方。
⑧ 疏缝固定主体和里袋的包口，安装口金。
⑨ 在口金的两端挂上链子。
★ **要点** 该作品使用的是复古的口金。包口部分只要和实际使用的口金大小合适即可。可以在纸上画一下口金的形状，再去调整实物大小纸样的包口部分。使用可在两侧挂链子的带孔的口金（或是带有链子的口金）。
★ 实物大小纸样请参照本书附页B面。

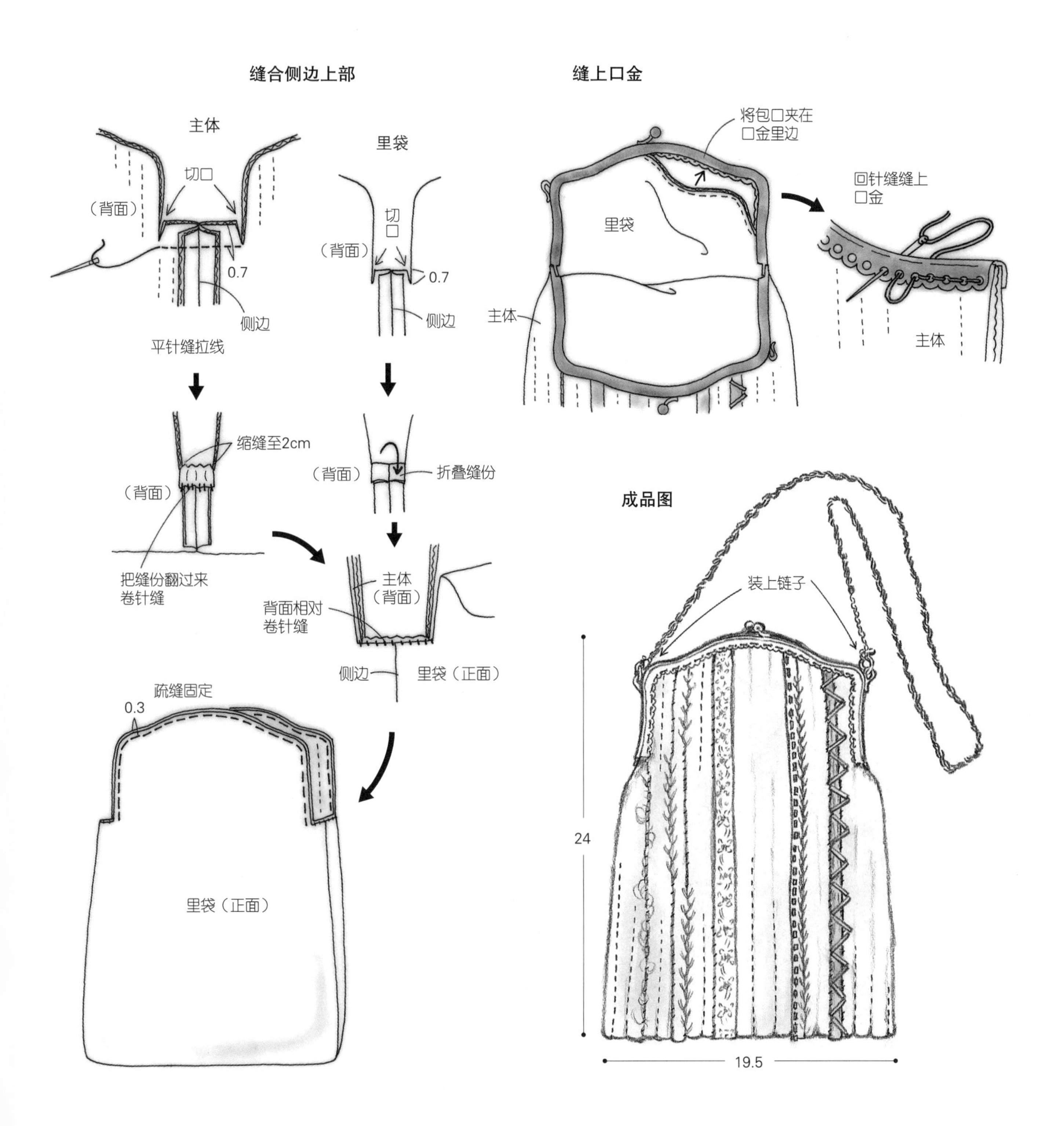

★ **材料** 包盖表布…藏青色天鹅绒25cmX15cm，主体表布、包盖里布…藏青色哈密瓜纹缎子料25cmX70cm（含挂绳用斜裁布2.5cmX9cm），主体里布…25cmX60cm，黏合衬…25cmX65cm，直径1.5cm藏青色纽扣1枚，绣线…25号白色适量

★ **成品尺寸** 请参照成品图

★ **制作方法**

① 制作包盖。在表布的背面贴上黏合衬，平针缝。把包盖表布和里布正面相对，缝合返口以外的其他部分。

② 把①翻回正面，缝合返口。

③ 参照示意图，裁剪主体表布4片和里布（0.7cm和2.5cm缝份的各2片）。在表布反面贴上黏合衬。

④ 把③的表布和里布正面相对，缝合包口的直线部分再翻回正面。制作4片。

⑤ 将④的里布缝份为0.7cm和2.5cm的布各拿1片作为一组，将2片表布正面相对缝制包口以外的其他部分。

⑥ 附带⑤的缝份较多的里布卷针缝。这个主体布制作2片。

制作示范

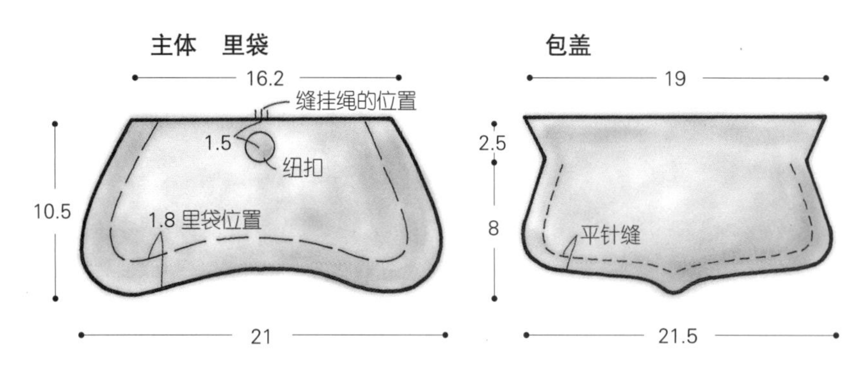

主体的裁剪方法

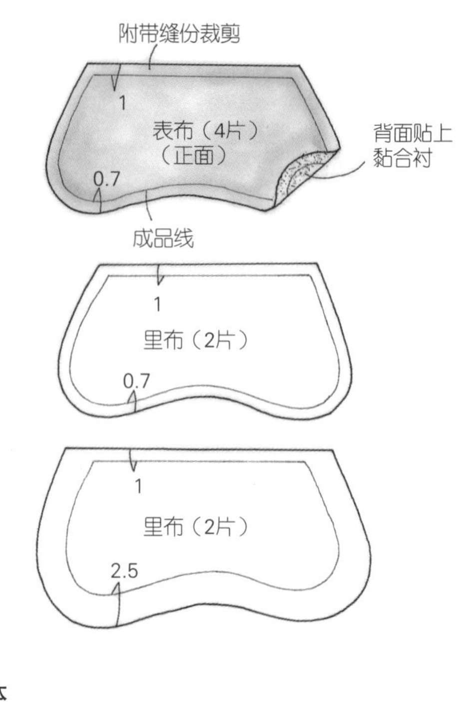

制作包盖

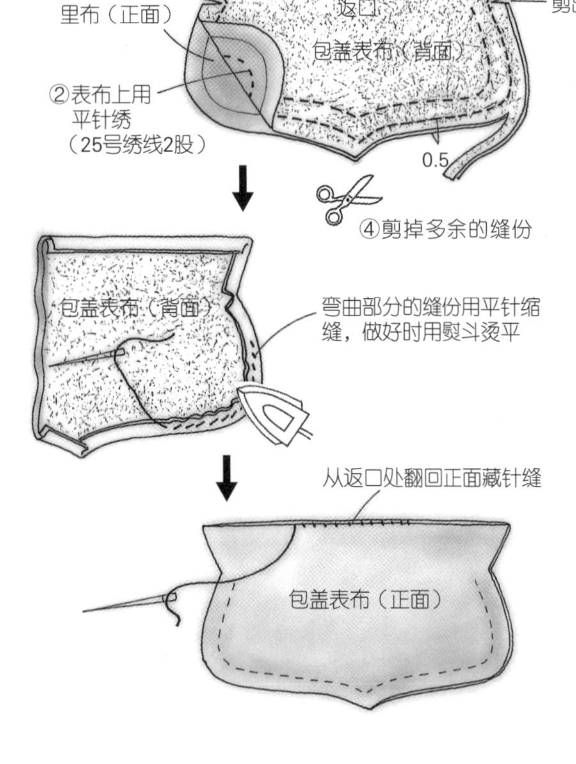

制作主体

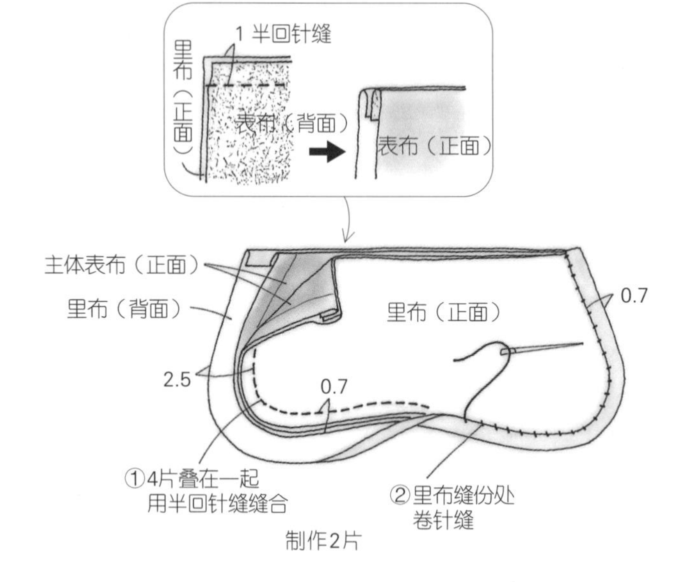

⑦ 将2片主体布一片背面相对，另一片正面相对，如图所示对齐。将一侧的里袋位置平针缝缝合后翻回正面，制作里袋。

⑧ 制作挂绳，以藏针缝缝在主体后片上。

⑨ 在主体后片上以藏针缝缝上包盖。

⑩ 在主体前片上缝上纽扣。

★ 要点 包盖的缝份留0.5cm，多余的裁掉。在弯曲部分平针缝，放上纸样用熨斗把弯曲处熨平。

★ 实物大小纸样请参照本书附页A面。

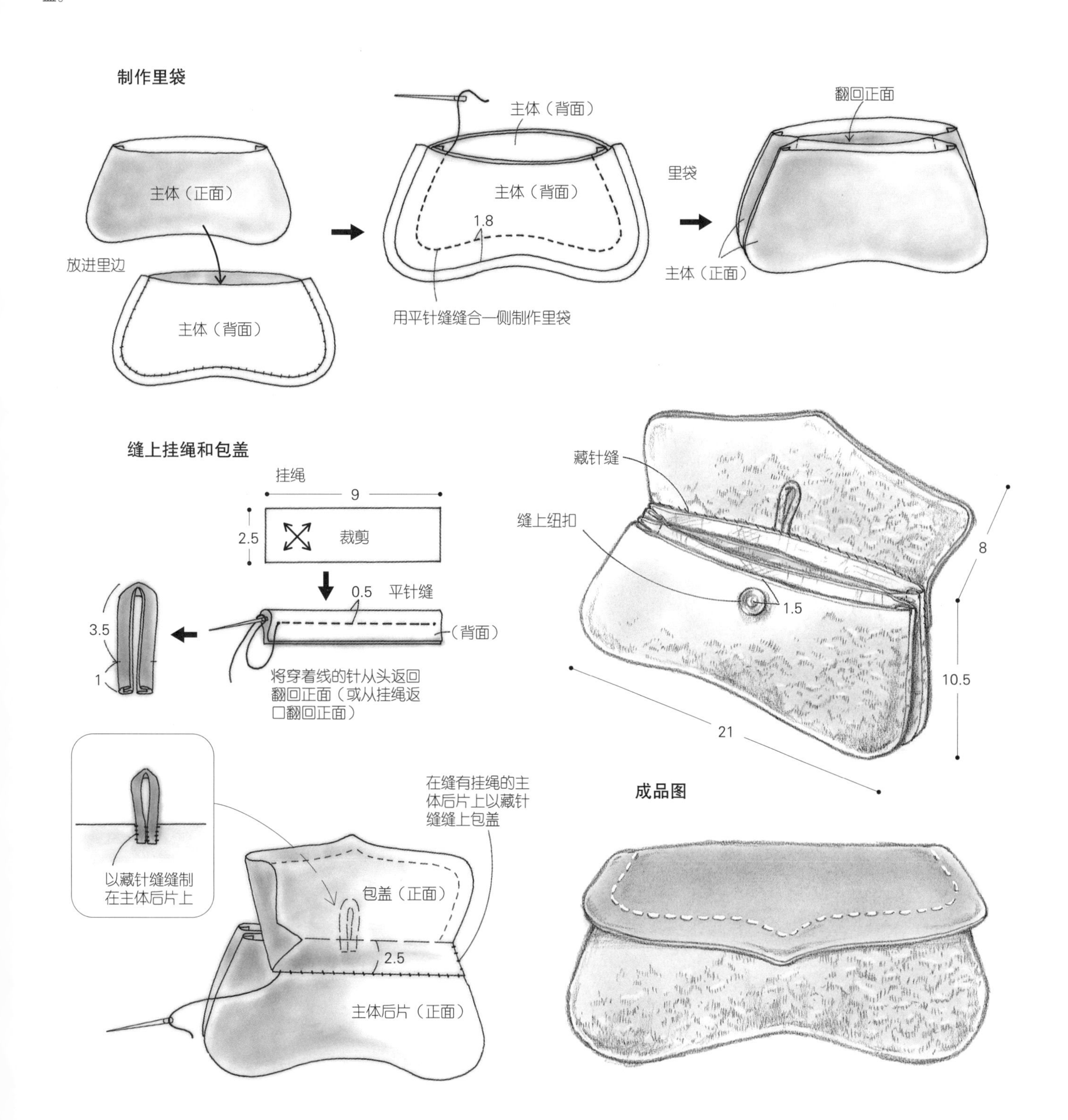

★ **材料** 主体…灰色系纯毛料人字呢、茶色系千鸟格子呢各30cmX30cm，侧身、底面、带扣…苔绿色条纹纯毛料60cmX55cm，口袋…蓝灰色粗花呢、米黄色条纹布（里布）各20cmX30cm，里布（含衬布）、铺棉…各110cmX60cm，纽扣…直径3.5cm1枚、直径1.2cm6枚，直径1.2cm磁扣1组，黏合衬适量

★ **成品尺寸** 请参照成品图

★ **制作方法**

① 制作主体A。表布和里布正面相对并在下边叠放铺棉，缝合返口以外的周围其他部分。翻回正面缝合返口，进行绗缝。制作2片。

② 制作主体B的口袋。把表布和里布正面相对缝制上侧，翻回正面。

③ 将②叠放在主体B的表布上面，疏缝固定。按照和①同样的方法制作2片主体B。将口袋在折合处翻卷，缝制尖端。

④ 按照①同样的方法制作侧身A、B和底面。

⑤ 参照示范图主体A、B和侧身A、B

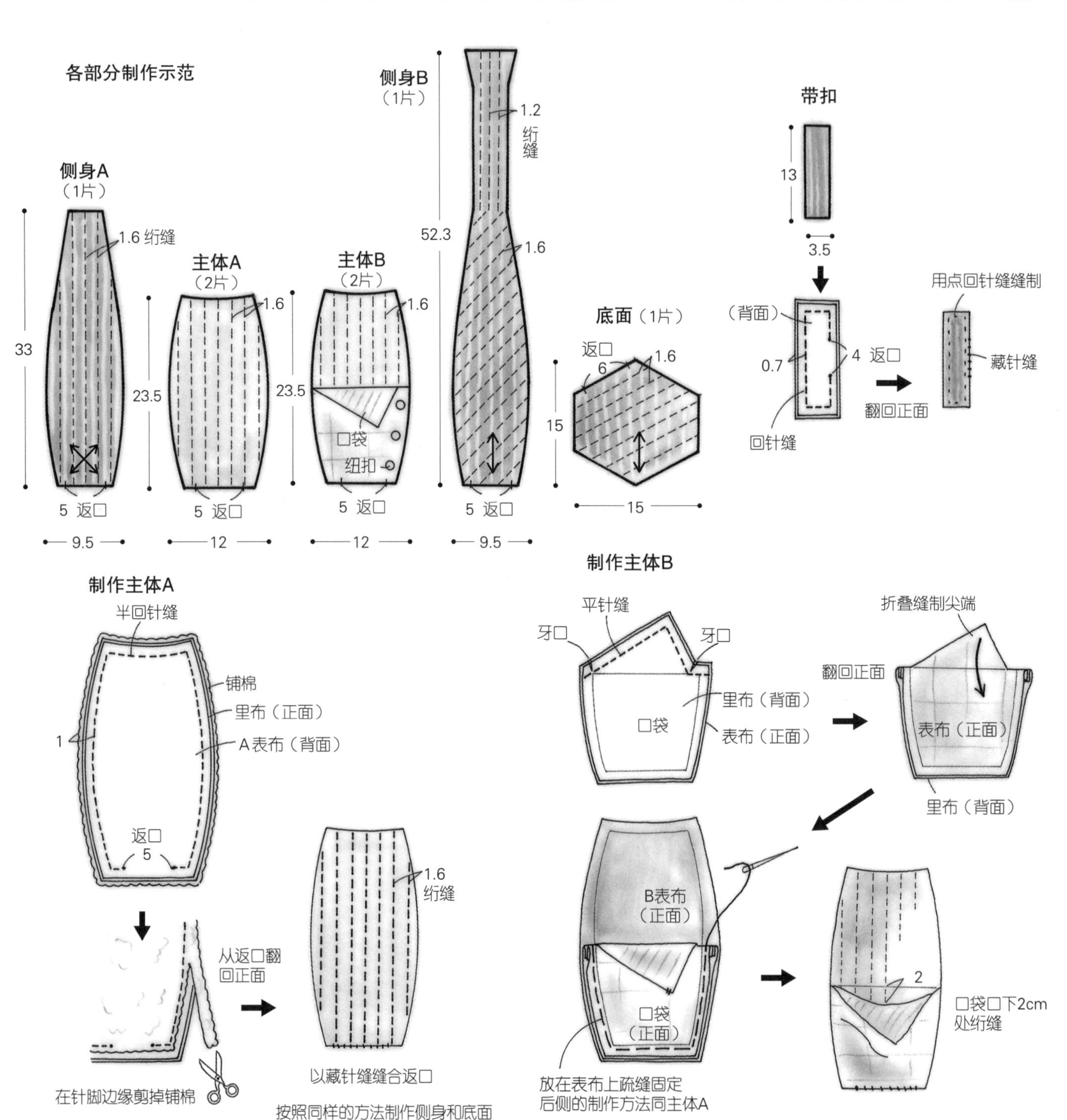

进行卷针缝，使其呈环状。

⑥ 把⑤和底面卷针缝缝合。由于主体和侧身的附加尺寸比底面长，缝入即可。

⑦ 侧身A和B的顶端缝份重合4cm缝合，缝上纽扣。

⑧ 制作带扣，并将其缝在主体上。缝上磁扣。

★ **要点** 侧身A、B和底面在面料的纹路（条纹的方向）和绗缝角度中有所不同，所以一定要注意。

★ **实物大小纸样请参照本书附页A面。**

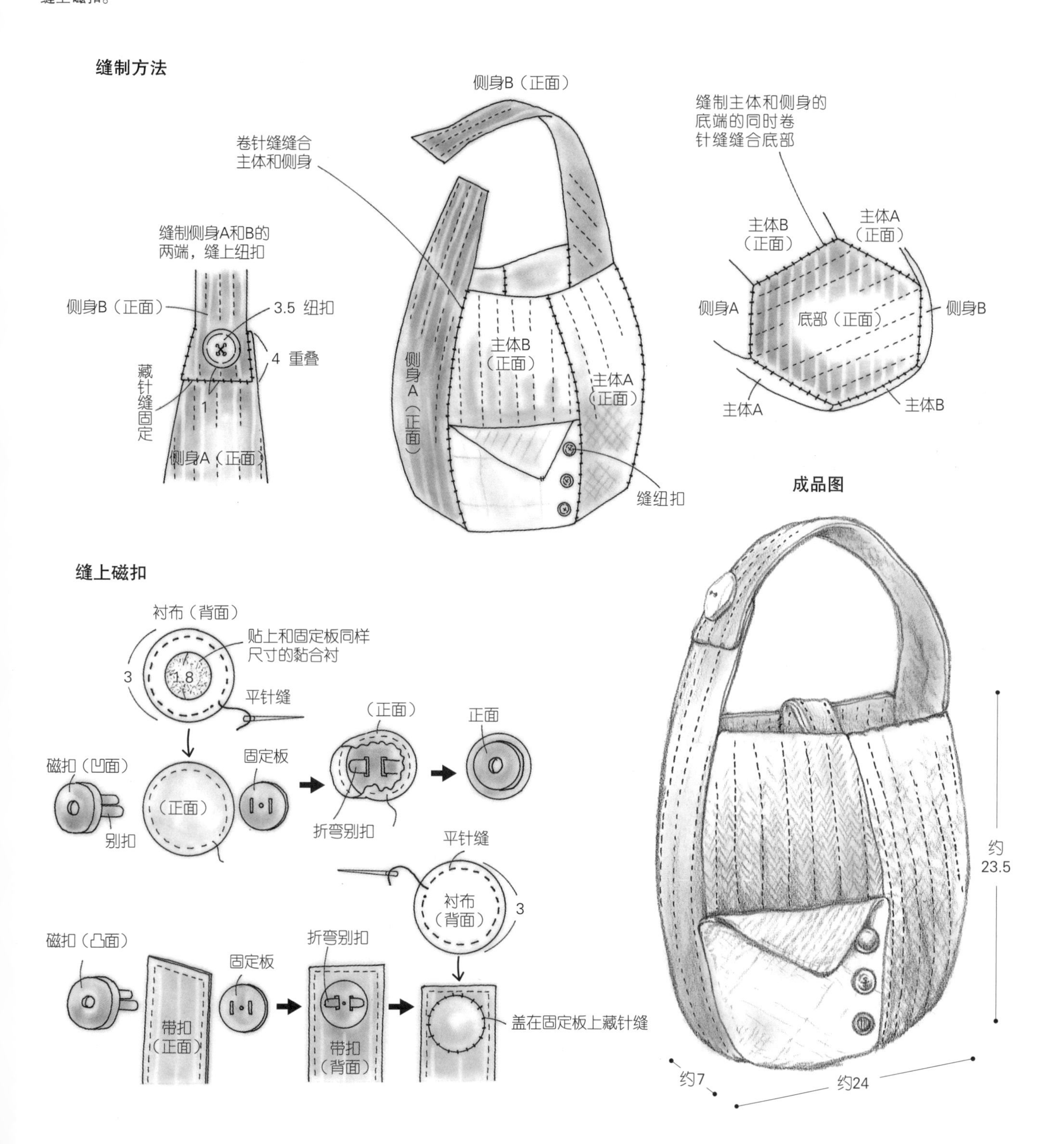

★ **材料** 表布…茶色扎染纯毛料布20cmX20cm，里布…米色系粗呢20cmX20cm，铺棉…20cmX20cm，长2cm叶形配饰4个，直径1.2cm木制纽扣2枚

★ **成品尺寸** 请参照成品图

★ **制作方法**

① 把表布和里布正面相对，再放入铺棉。留下返口后缝合。

② 把①翻回正面。以藏针缝缝合返口，然后绗缝。

③ 将标记处对齐捏口缝合，缝上纽扣和叶形配饰。

★ **要点** 周边缝好后将尖端的缝边仔细剪齐的话，就会很容易翻回正面，做成后整体效果更佳。

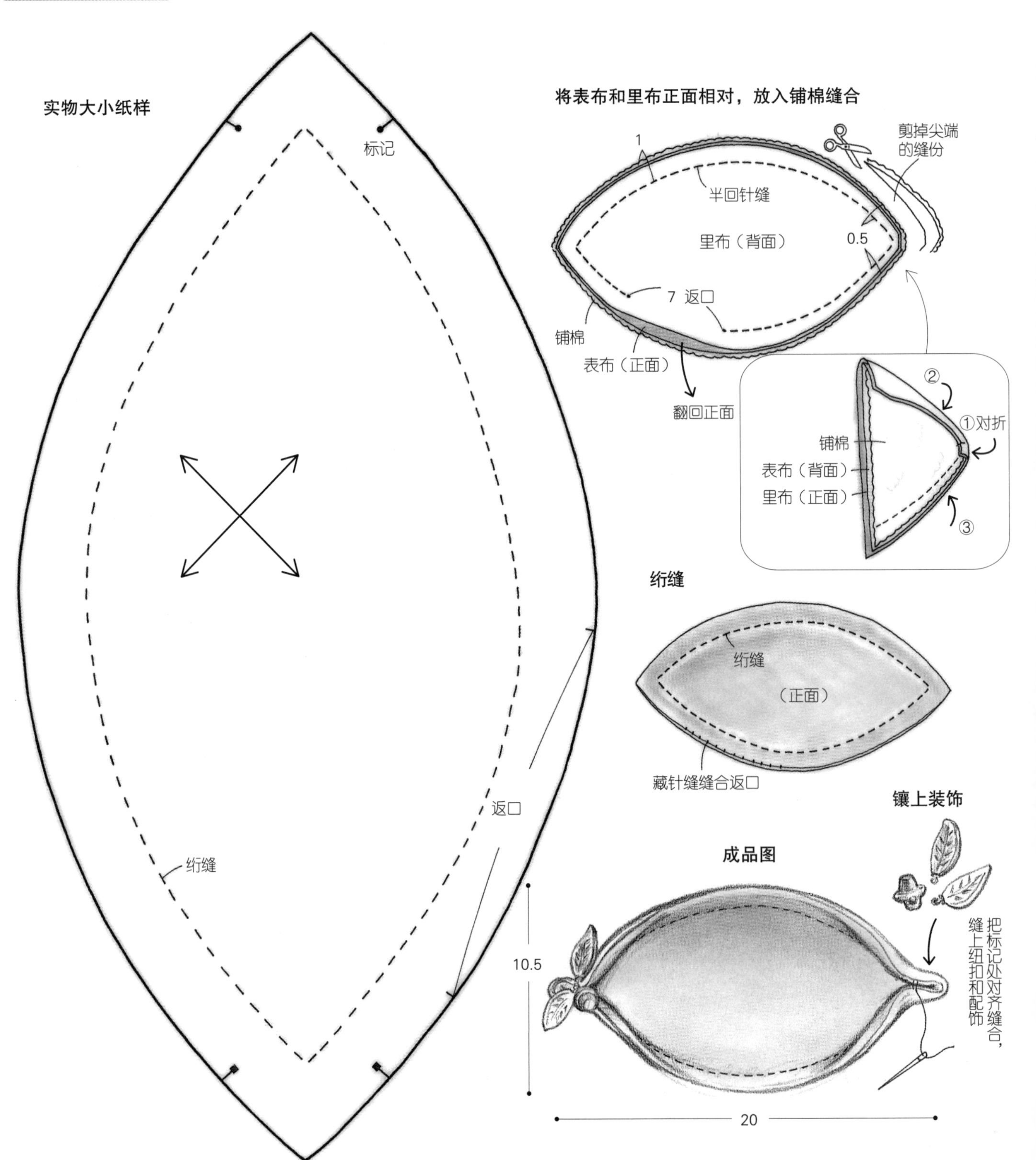

15 迷你壁饰

P25

★ **材料** 各种面料制作的Yoyo和饰针、假花等圆形图案根据个人喜好准备，大花纹印花布适量，底布…灰色条纹蝉翼纱110cmX55cm，边条用布…灰色系水珠花纹针织布20cmX60cm（用作正面、背面）、黑格子纹蝉翼纱10cmX60cm、带荷叶边的藏青色方格平纹布（使用衣服领口部分）10cmX60cm，里布…90cmX80cm，铺棉…50cmX60cm，滚边用布（斜裁布）…无彩色系4种各4cmX60cm，纽扣、串珠、直径1cm圆环、亚麻细绳各适量，绣线…25号的米黄色适量，5号原色蕾丝线适量

★ **成品尺寸** 59cmX58cm

★ **制作方法**

① 制作4条边条从背面卷针缝缝合，制作成装饰框，绗缝四边。

② 在①的背面依次放置2片作为底布的蝉翼纱，将斜裁的里布藏针缝缝合。在下端间隔相同距离穿上麻绳。

③ 在底布上配置图案和纽扣，从背面缝制固定。图案之间用蕾丝线和串珠连接。

★ **要点** Yoyo使用各种各样的素材和尺寸制作，使用背面的话会呈现新的别样风格。可以随意配置自己喜欢的东西。

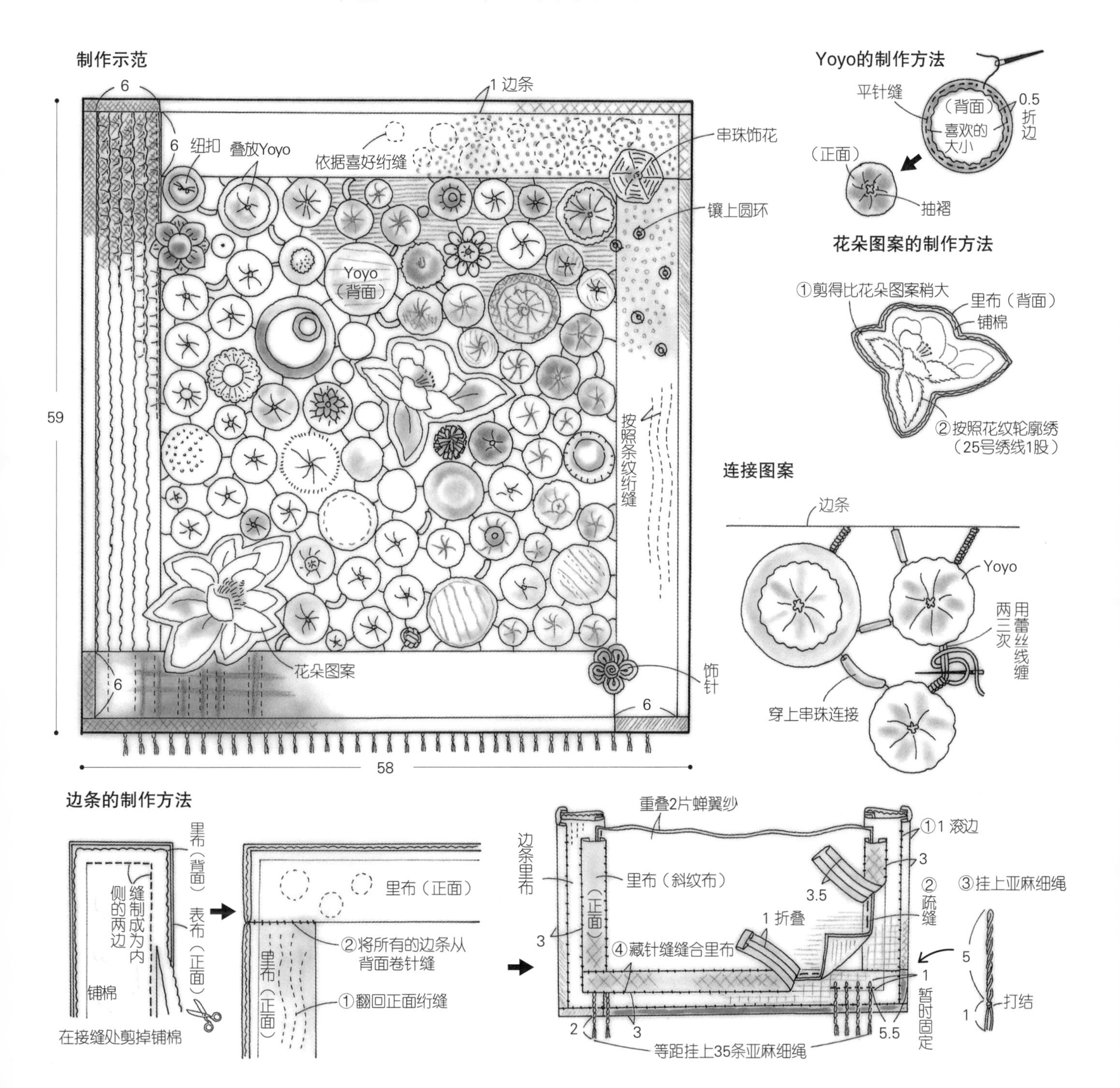

★ **材料** 表布、提手…茶色系、蓝色系扎染纯毛面料50cmX150cm（含缝份边条用斜裁布5cmX72cm），里布…50cmX110cm，铺棉…50cmX100cm

★ **成品尺寸** 请参照成品图

★ **制作方法**

① 裁剪表布A、B、C各部分和底面（前片和后片对称裁剪）。

② 将A和里布正面相对，下面放上铺棉，从止缝处缝至止缝处。在接缝处剪掉铺棉。

③ 将②翻回正面疏缝，然后进行绗缝。

④ 在C上缝上贴布B，采用与②③同样的方法缝制，然后绗缝。

⑤ 在A上叠上B，如图所示藏针缝。包底面部从背面缝合以不露出针迹。

⑥ 采用与②③同样的方法制作底面，藏针缝缝合返口，然后绗缝。

⑦ 主体前片和后片正面相对，卷针缝缝合两侧。按照同样的方法缝上底面。

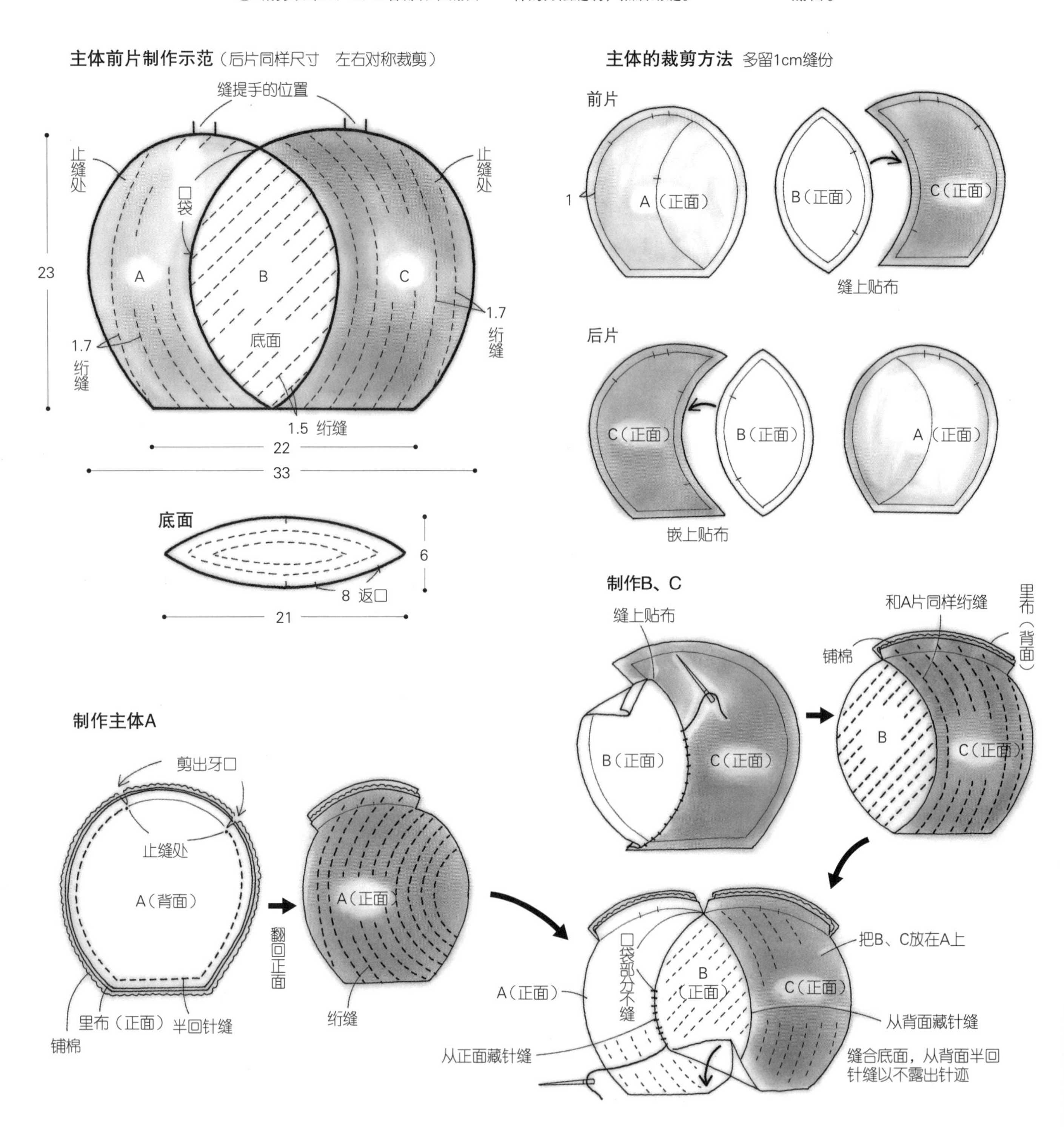

⑧ 制作提手，疏缝在主体包口部分。

⑨ 缝制包口。从表布使用的同一布块上剪下斜裁布，将其与主体袋口正面相对缝合。翻回正面，藏针缝缝合里布。

★ 要点 从扎染的纯毛料上裁剪布块时，确认其颜色，放上纸样即可。嵌入贴布B时，曲线部分的缝份用平针缩缝，放上纸样用熨斗烫平整后，就能做成一个漂亮的带扣。

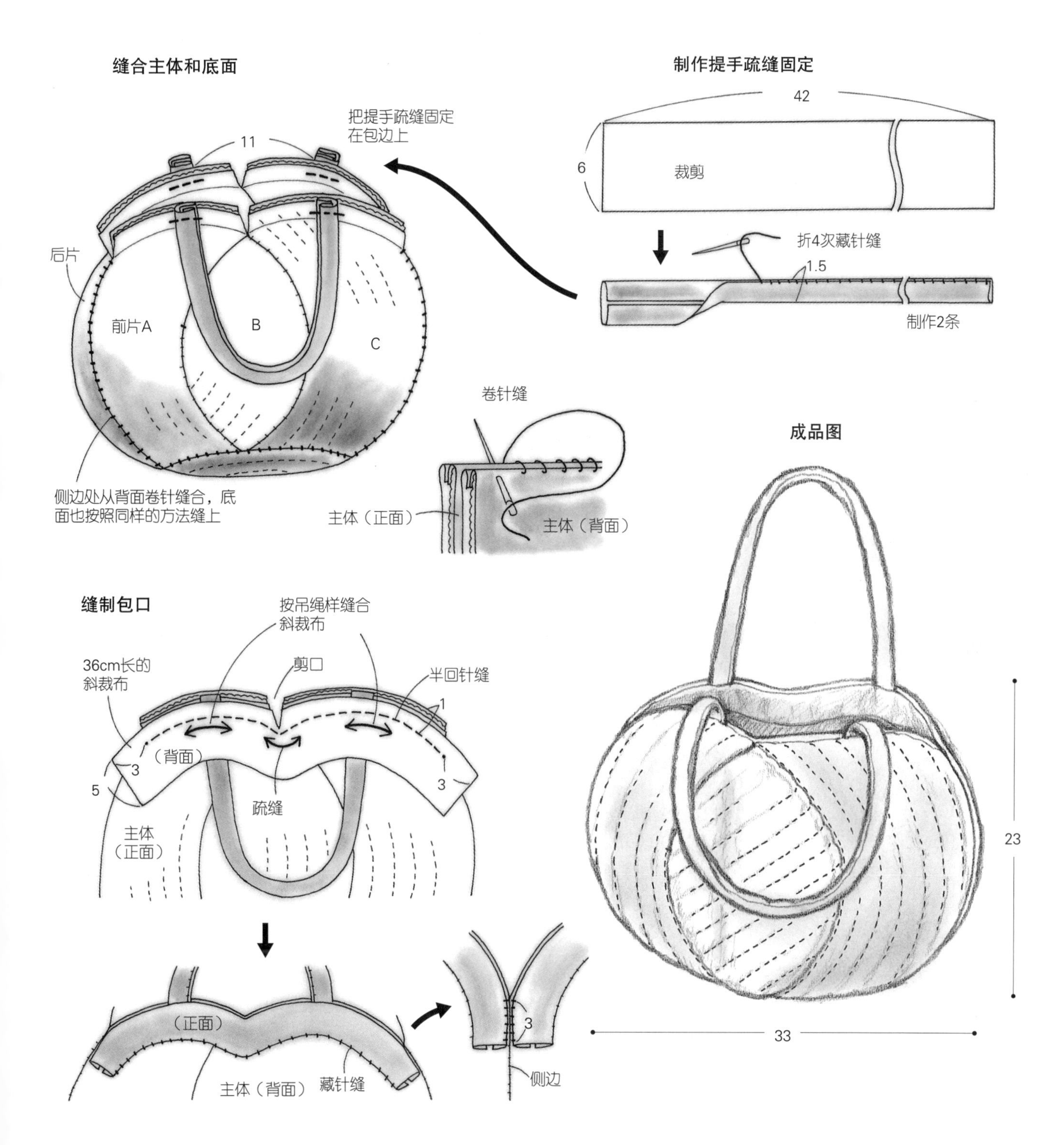

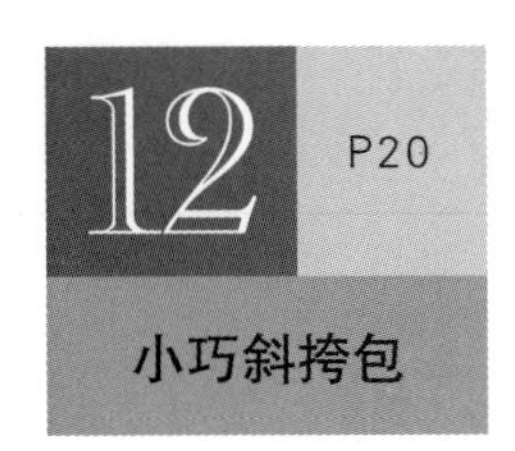

★ 材料　拼布用布…灰色印花布和茶色系格子布等8种各15cmX20cm、黑色条纹布30cmX35cm，侧身、肩带、拉链装饰…黑色纯毛料30cmX130cm，里布、铺棉…各110cmX40cm，25cm长拉链1条，宽2.5cm的纯棉布条128cm，塑料板3.5cmX38cm

★ 成品尺寸　请参照成品图

★ 制作方法

① 制作A、B、C的实物大小纸样裁剪各部分。
② 布局好各部分，使中央的A和外围的B正面相对，分别进行拼接。
③ 参照示意图在②上依次放置铺棉和里布进行绗缝。
④ 缝合外围的两端，使其呈环状。
⑤ 将中央和外围正面相对缝合。外围多余的缝份卷针缝缝合。制作2片。
⑥ 制作拉链侧身，将其与底面侧身表布正面相对缝合成环状。缝合底面侧身里布。
⑦ 将2片主体和侧身正面相对缝合。

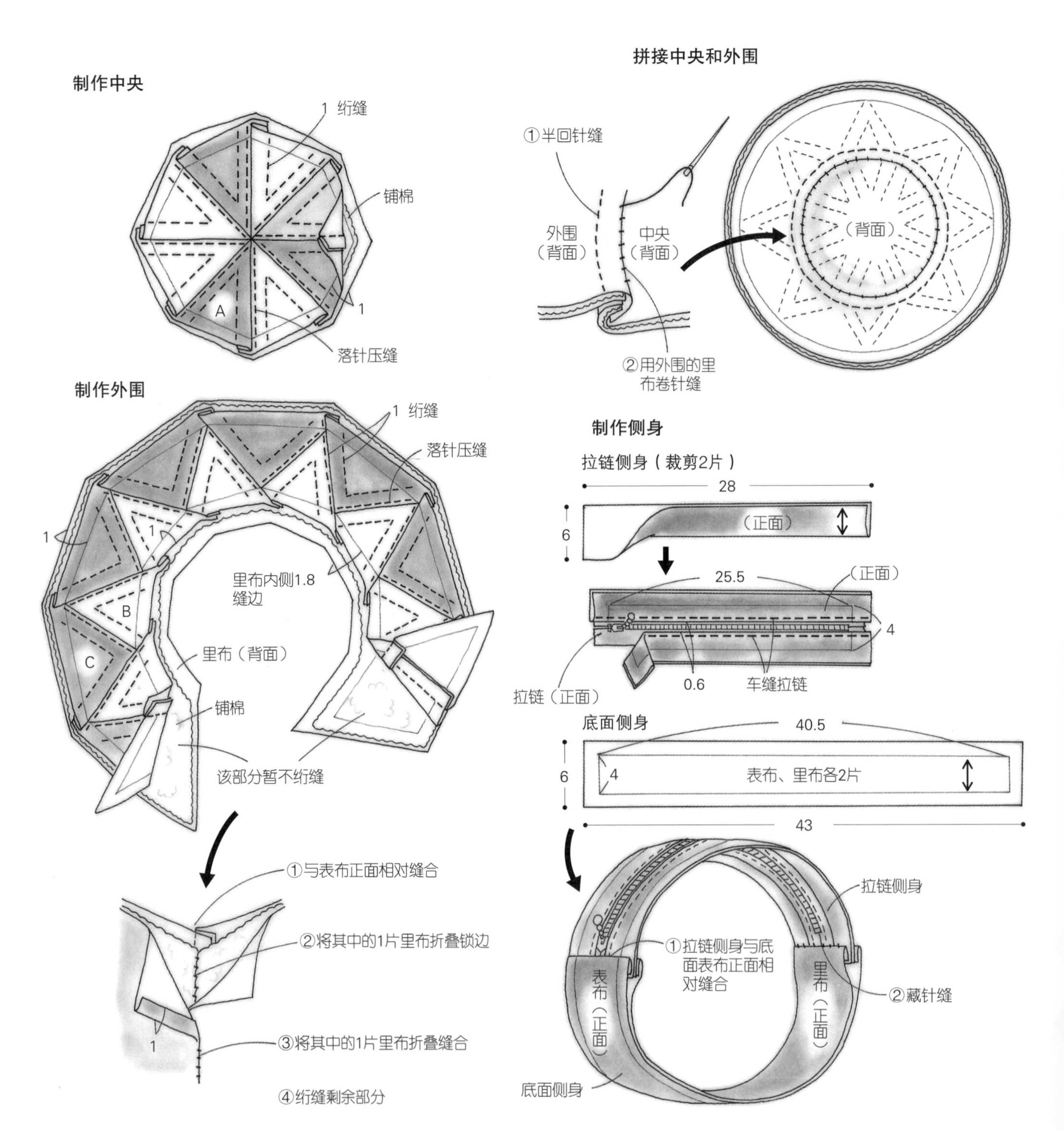

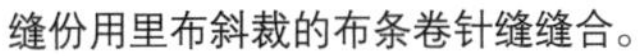

缝份用里布斜裁的布条卷针缝缝合。

⑧ 制作纯棉布条卷成的肩带，将其缝合在底面侧身的两端。

⑨ 制作用塑料板卷成的底板，缝在底面侧身上。

⑩ 将拉链装饰固定在拉链的提手上。

★ **要点** 制成环状的侧身的长度在此为66cm。依据绗缝后的主体的圆周长度调整底面侧身的长度即可。

缝合主体和侧身

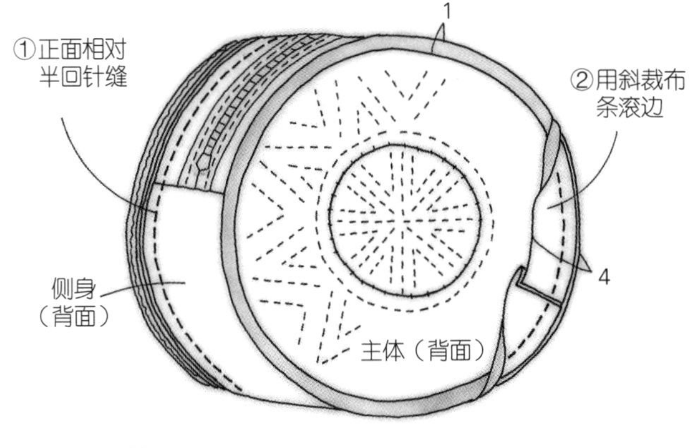

装肩带

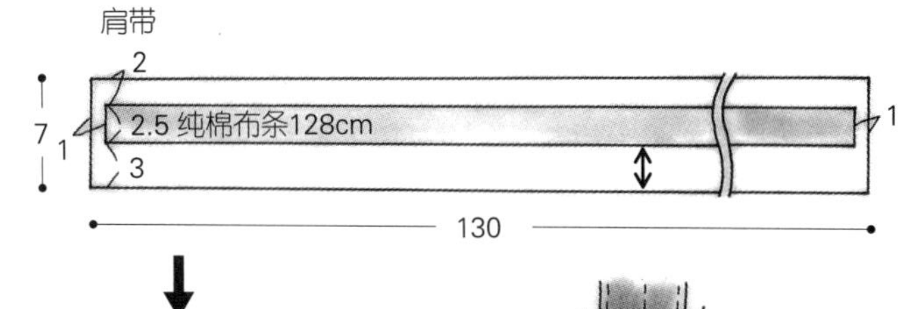

折叠
（背面）
折叠车缝
（正面）
拉链侧身
3
缝上
（正面）
底面侧身

制作包底面板

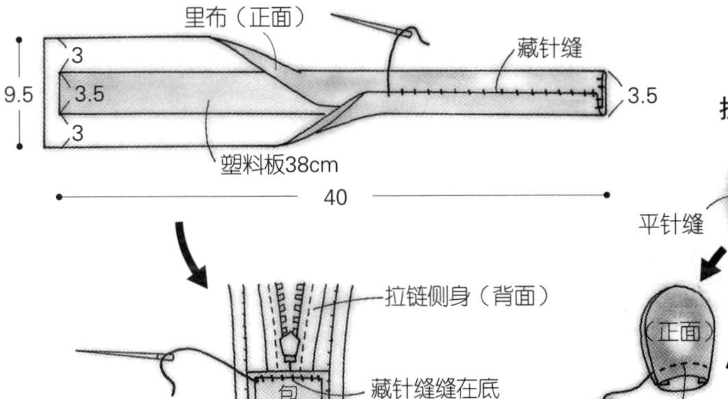

拉链装饰

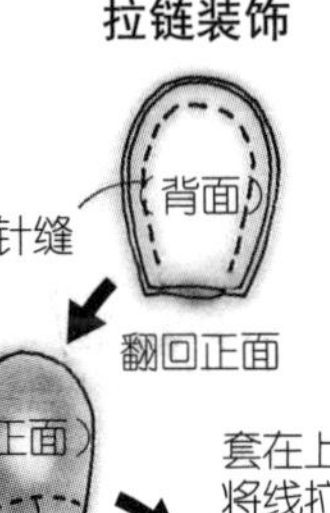

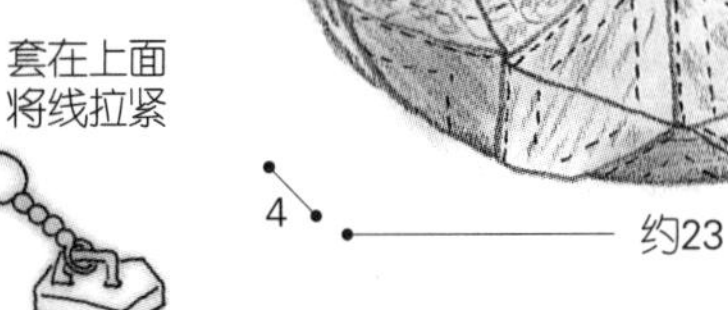

实物大小纸样

B
8个图案 各2片

A
8个图案 各2片

拉链装饰
2片
返口

C
黑色条纹布 16片

成品图

约23
约23
4

★ **材料** 主体、口袋、肩带、带扣…深棕色编织纹布50cmX120cm（含滚边用斜裁布6cmX30cm），侧身拼布用布、贴布用布…茶色系方格和条纹碎布适量，里布…110cmX50cm，铺棉…100cmX50cm，黏合衬适量，拉链…长25cm、10cm各1条，宽3.8cm布条120cm，内径4cm的方形扣、日形扣各1个

★ **成品尺寸** 请参照成品图

★ **制作方法**（主体和侧身的制图请参照本书附页的实物大小纸样）

① 制作主体前片。将上边的表布、铺棉和里布依次放置疏缝，然后绗缝。绗缝装拉链的一侧。

② 主体前片的下方表布和里布正面相对，放上铺棉，缝合装拉链的一侧。在接缝处剪掉多余铺棉然后翻回正面疏缝后再进行绗缝。

③ 在①和②上缝上拉链。

④ 制作口袋的上部、下部，缝上拉链。小针脚疏缝将其缝在主体前片上。

⑤ 制作主体后片。将表布、铺棉和里布叠放在一起疏缝，然后绗缝。

⑥ 制作肩带和带扣，将其装在日形扣和方形扣上。

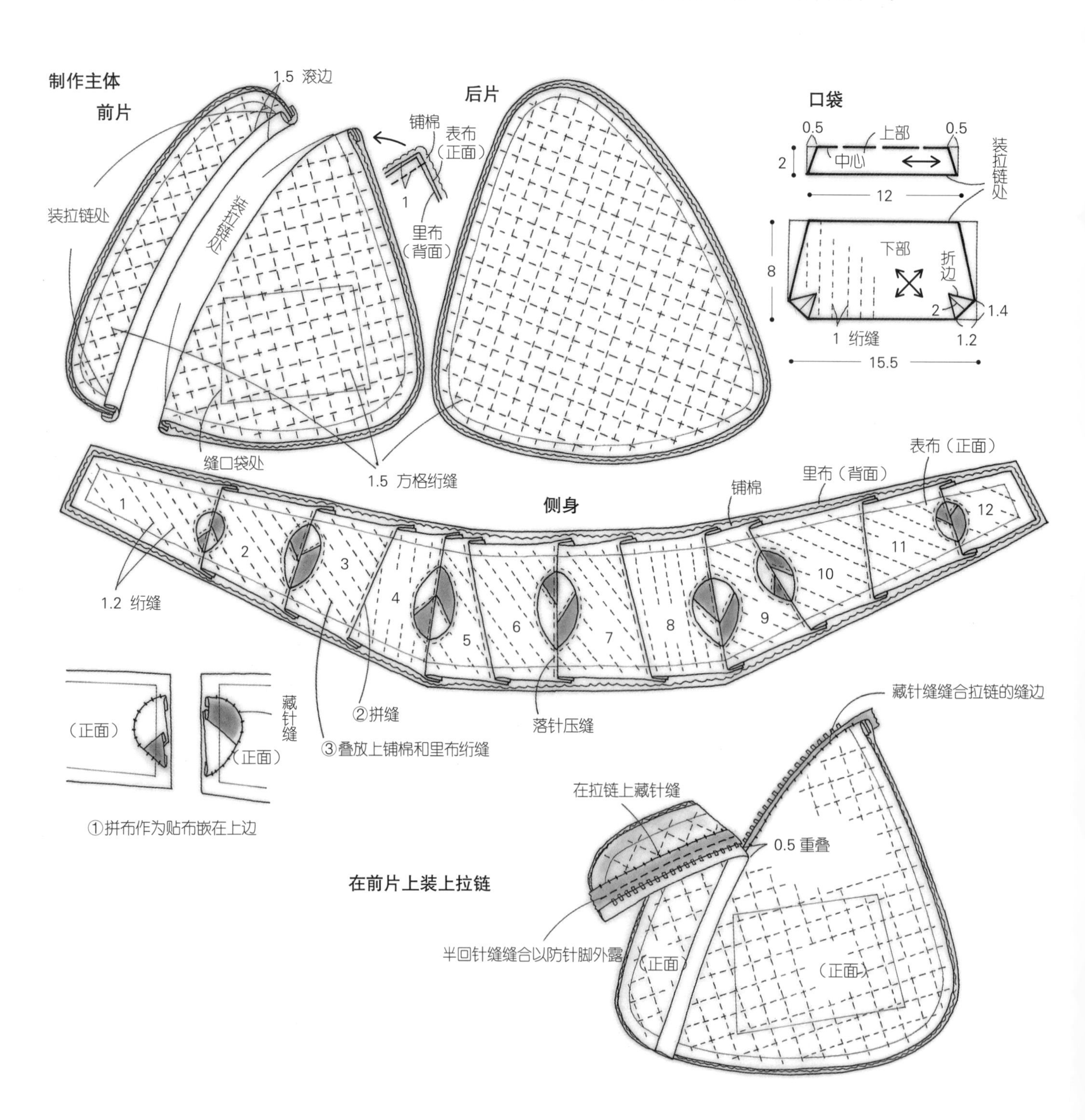

⑦ 将⑥疏缝固定在主体后片装肩带处。

⑧ 制作侧身。各部分嵌上贴布后缝合，放上铺棉和里布。疏缝后绗缝，但此时两端要留下3cm左右的缝份。

⑨ 将⑧的两端正面相对缝合制作成环状（缝制方法请参照第81页“缝合侧边”的方法）。绗缝⑧中剩余部分。

⑩ 将主题前片、后片与侧身正面相对缝合。用4cm宽的斜裁布卷针缝滚边。

★ **要点** 请勿忘记各部分要参照纸样上的标记。缝合好主体和侧身缝边后，三角顶点附近的可倒向主体一侧，并将其与里布缝合即可。

★ 实物大小纸样请参照本书附页A面

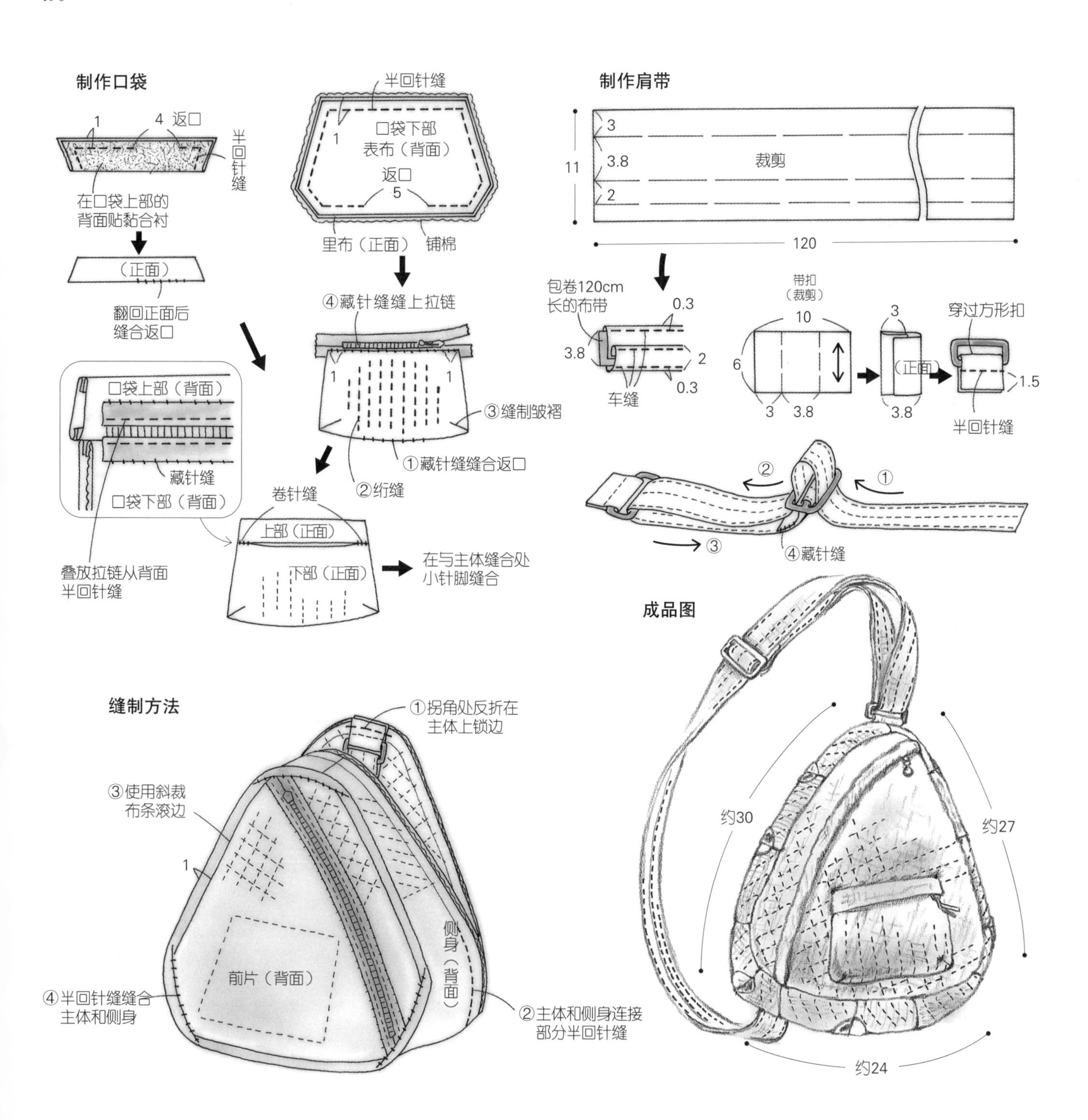

★ **材料** 表袋…A. 米色帆布面料2种颜色各40cmX20cm、B. 迷彩花纹防水涂层面料50cmX60cm（含提手里布），侧身、装饰带、提手…土黄色帆布面料20cmX85cm，里袋、内口袋…90cmX65cm

★ **成品尺寸** 请参照成品图

★ **制作方法**

① 分别制作2条装饰带和提手。

② 缝制表袋B的褶子，装上装饰带。

③ 将②和侧身正面相对缝合。

④ 将2片表袋A正面相对，缝合两侧，使其成环状。将其与③正面相对缝合成袋状。将提手疏缝固定在包口部分。

⑤ 制作带有内口袋的里袋。

⑥ 将表袋和里袋正面相对，缝合袋口部分，翻回正面。藏针缝缝合返口，袋口部分进行车缝。

★ **要点** 侧身的长度依据B袋制作示范中的四边长度进行调整即可。

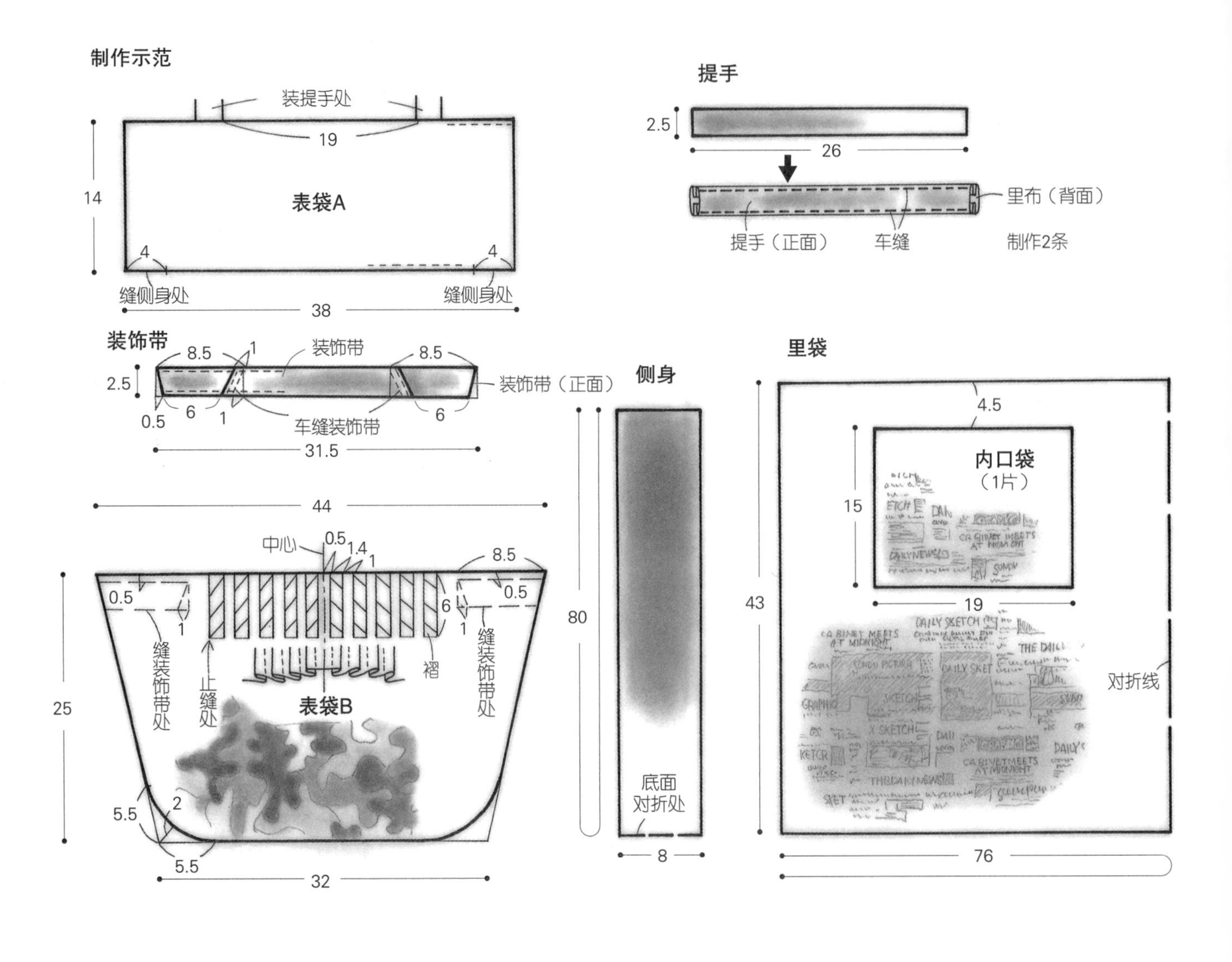

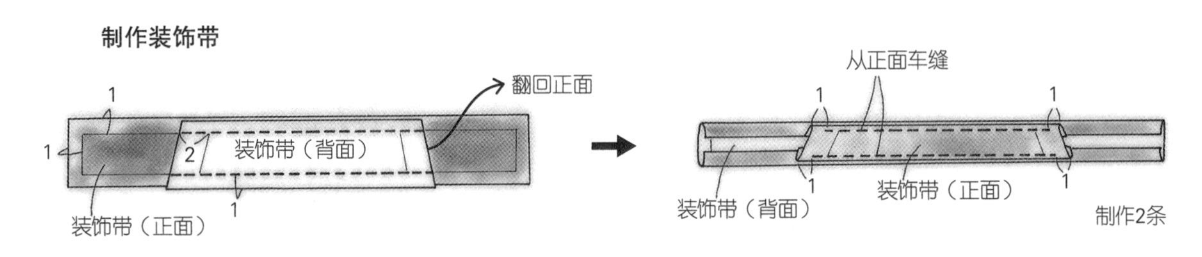

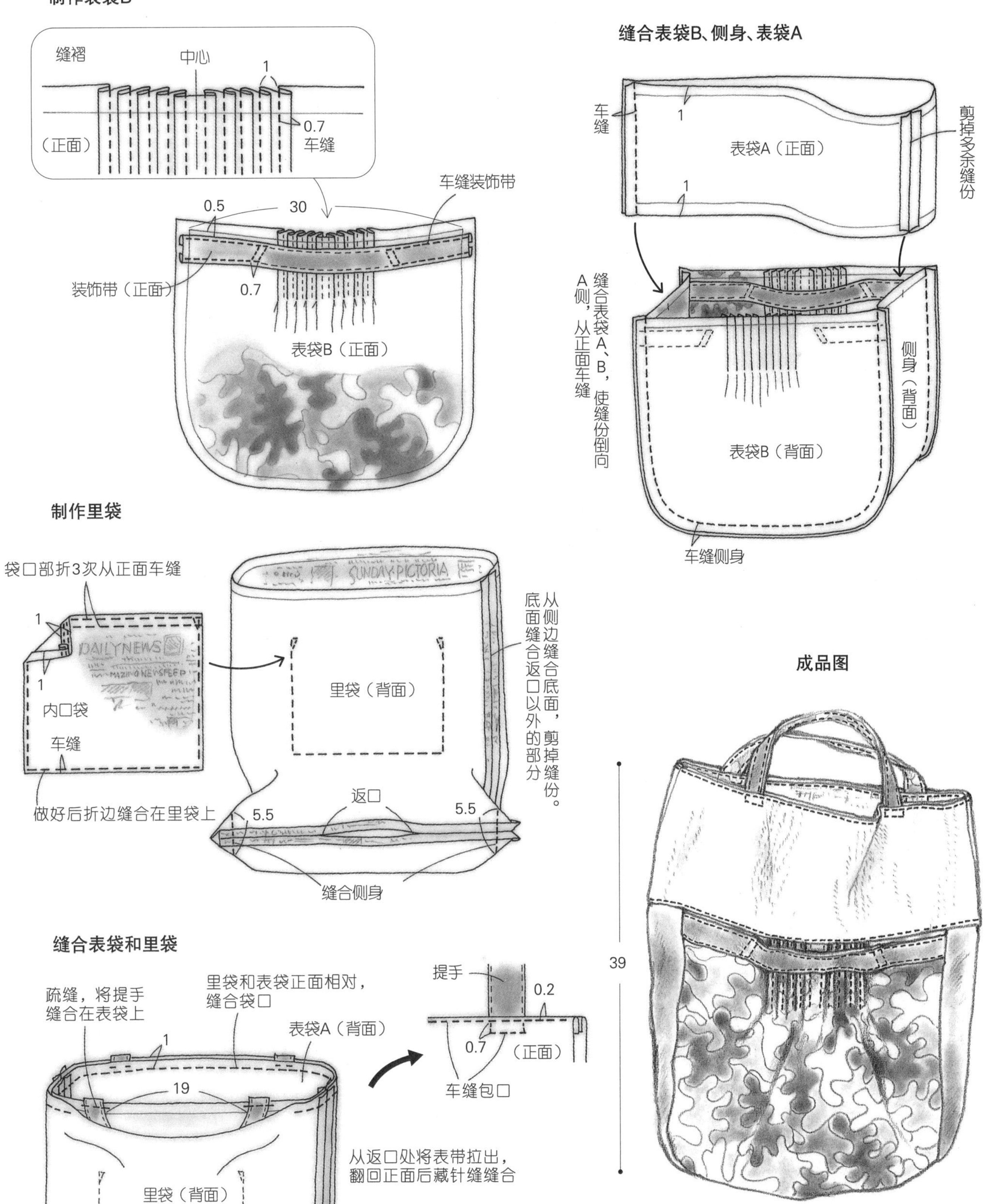

制作表袋B
缝褶
中心
1
0.7
车缝
（正面）
车缝装饰带
0.5
30
装饰带（正面）
0.7
表袋B（正面）
缝合表袋B、侧身、表袋A
车缝
1
表袋A（正面）
剪掉多余缝份
缝合表袋A、B，使缝份倒向A侧，从正面车缝
侧身（背面）
表袋B（背面）
车缝侧身
制作里袋
袋口部折3次从正面车缝
1
1
DAILY NEWS
内口袋
车缝
做好后折边缝合在里袋上
SUNDAY·PICTORIA
里袋（背面）
从侧边缝合底面，剪掉缝份。
底面缝合返口以外的部分
返口
5.5
5.5
缝合侧身
成品图
39
38
缝合表袋和里袋
疏缝，将提手缝合在表袋上
里袋和表袋正面相对，缝合袋口
表袋A（背面）
1
19
里袋（背面）
提手
0.2
0.7
（正面）
车缝包口
从返口处将表带拉出，翻回正面后藏针缝缝合

★ **材料（制作一个所需材料）** 拼布用布…碎布适量，口袋、里布…20cmX40cm，铺棉…15cmX20cm，滚边用斜裁布…纯茶色（或黑色）3.5cmX70cm，宽2.3cm带按扣的皮质装饰带1组，市场上出售的卡片夹1个（10cmX7cm）

★ **成品尺寸** 请参照成品图

★ **制作方法**

① 拼缝外侧表布。

② 在①上叠放铺棉和里布疏缝，然后进行绗缝。外侧缝合上带按扣的皮质装饰带。

③ 准备2片口袋用布，疏缝固定在②的内侧。

④ 绗缝③的四边。

★ **要点** 口袋上装上卡片夹使用。依据卡片夹的大小调整整体和口袋的大小。外侧六边形的卡片包制作方法同上。四边缝上边条。

外侧制作示范

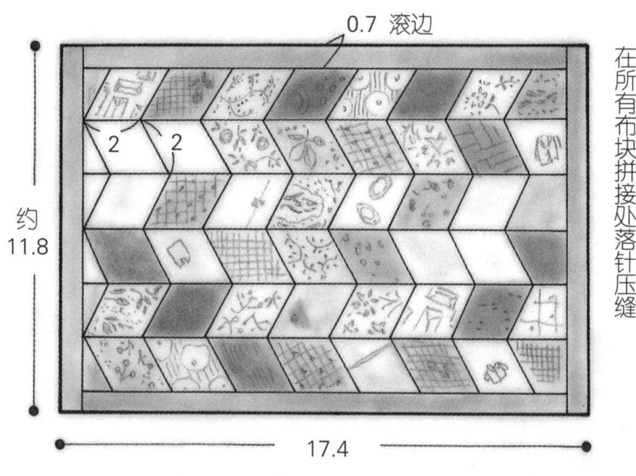

口袋（2片）

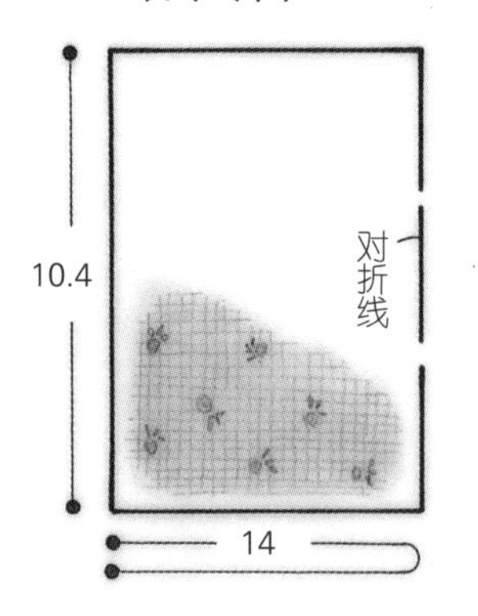

内侧的口袋位置

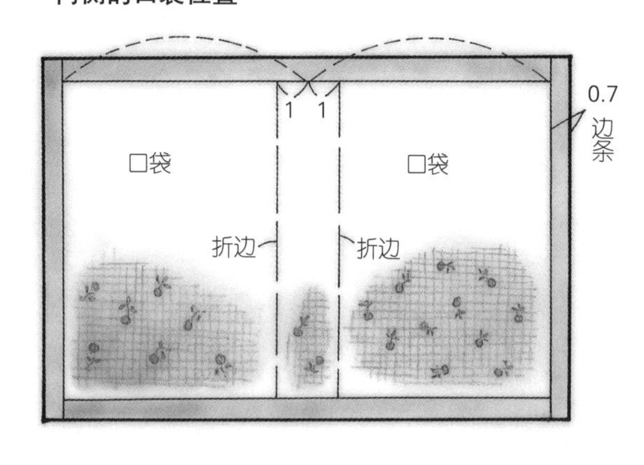

拼缝制作外侧表布

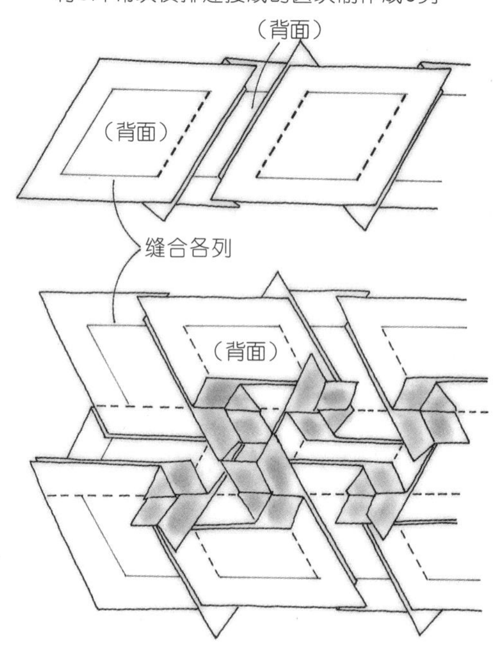

绗缝

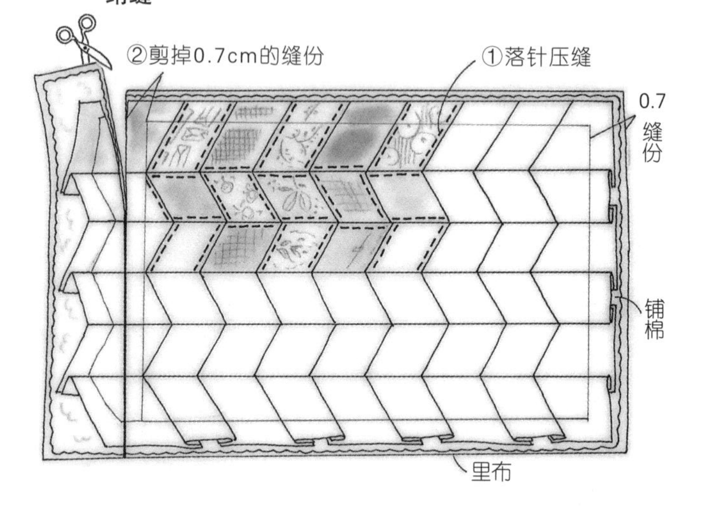

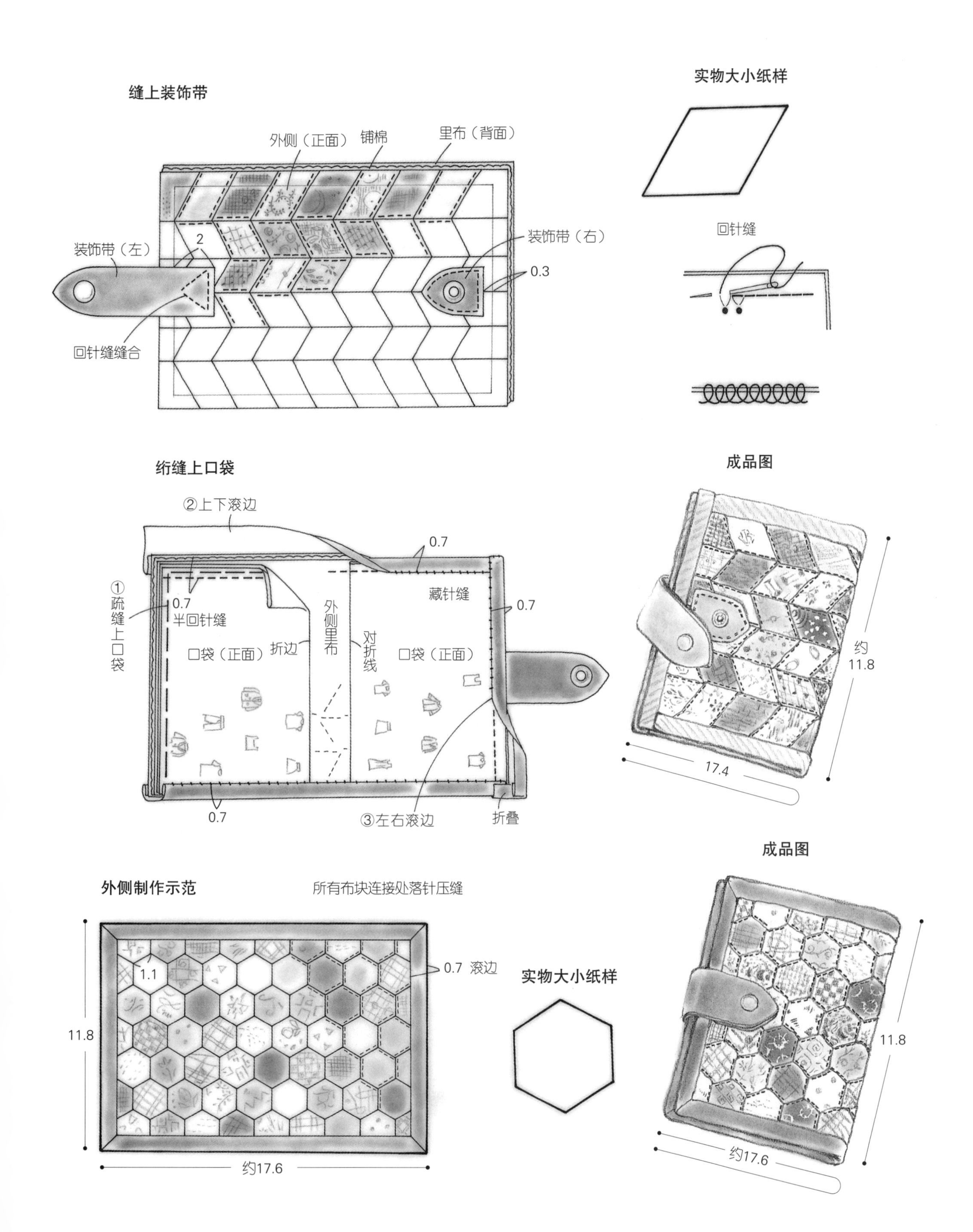

缝上装饰带
外侧（正面）
铺棉
里布（背面）
2
装饰带（左）
装饰带（右）
0.3
回针缝缝合
实物大小纸样
回针缝
纡缝上口袋
②上下滚边
0.7
①疏缝上口袋
0.7
半回针缝
外侧里布
藏针缝
0.7
口袋（正面）
折边
对折线
口袋（正面）
0.7
③左右滚边
折叠
成品图
约11.8
17.4
成品图
外侧制作示范
所有布块连接处落针压缝
1.1
0.7 滚边
11.8
约17.6
实物大小纸样
11.8
约17.6

★ 材料　拼布用布…无彩色系碎布适量，后片、侧身A、B、提手…黑色条纹面料110cmX80cm（含滚边用斜裁布3.5cmX90cm），里布…110cmX90cm，铺棉…50cmX100cm，嵌条用布…纯黑色（斜裁布）2.5cmX260cm、芯用圆绳直径0.3cmX260cm，宽3cm纯棉布条60cm，30cm长拉链1条

★ 成品尺寸　请参照成品图

★ 制作方法

① 制作主体前片的表布。请参照本书最后附页的实物大小纸样制作布块的纸样，然后拼缝。

② 在①上依次放置铺棉和里布疏缝，然后进行绗缝。

③ 按照②同样的方法制作后片。

④ 制作嵌条。在斜裁布中夹上圆绳，圆绳边缘用平针缝缝合。

⑤ 在前片和后片的成品线内侧疏缝上④。

⑥ 制作2条提手，在前片和后片的装提手处疏缝固定。

⑦ 制作侧身A。裁剪2片表布，在底

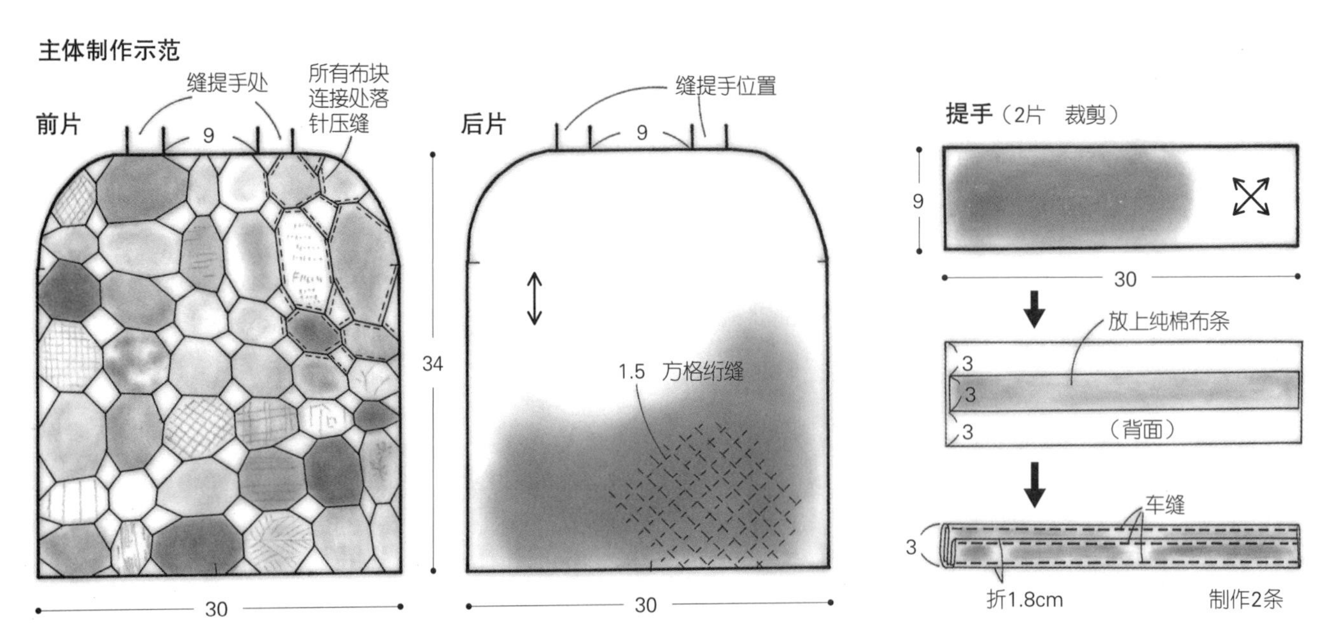

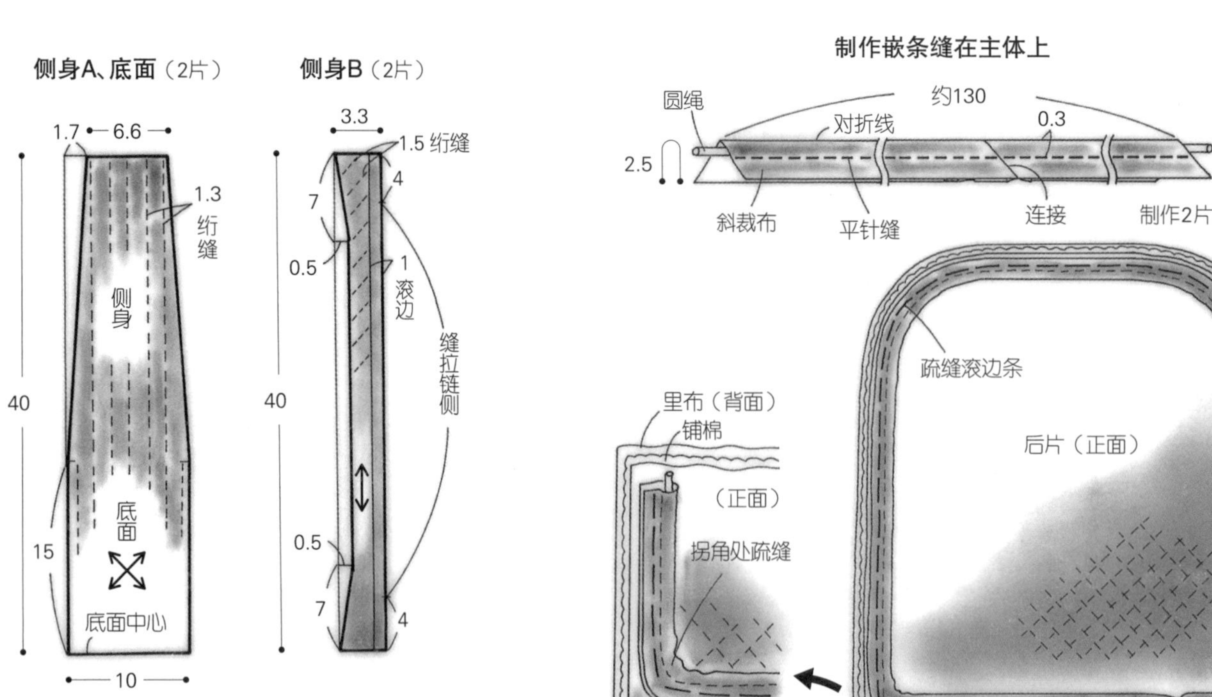

部中心处缝合后，依次放置上铺棉和里布进行绗缝。

⑧ 制作2片侧身B。在表布上依次放置铺棉和里布绗缝，在装拉链侧滚边处理。

⑨ 把侧身B的滚边放在一起，从背面卷针缝缝合至距离两端4cm处。

⑩ 在⑨上装拉链。

⑪ 缝合侧身A和侧身B使其成环状。边缘用斜裁的里布滚边处理。

⑫ 前片、后片和侧身A、B正面相对，将标记处对齐缝合。边缘用斜裁的里布卷针缝。

★ 要点 裁剪后片、侧身A、B、提手的表布时要注意面料的纹路（条纹的方向）。里布按经线裁剪即可。

★ 前片的实物大小纸样请参照本书附页A面。

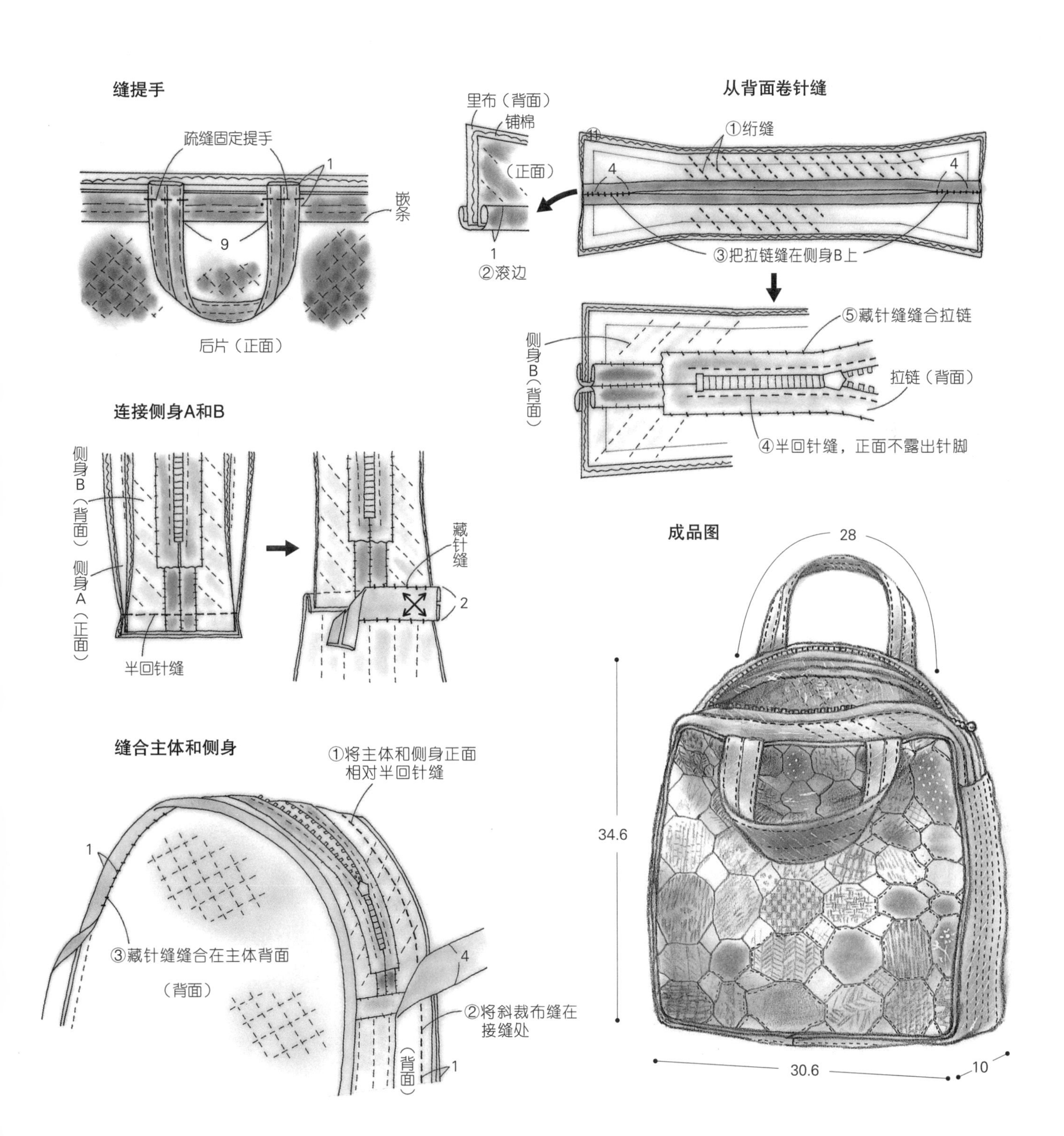

★ **材料** 前片底布、侧身、底面…茶色系格子面料50cmX55cm，后片…茶色格子纹60cmX55cm（含滚边用斜裁布4cmX70cm），贴布用布…灰色条格平纹布30cmX55cm，里布…110cmX40cm，铺棉…100cmX40cm，直径1.5cm磁扣1组，黏合衬少量，长50cm附带固定工具的皮质提手1组

★ **成品尺寸** 请参照成品图

★ **制作方法**

① 制作主体前片的A、B部分。请参照本书最后附页的实物大小纸样在底布上嵌上贴布。

② 在A和B之间拼缝C，制作前片表布。接着缝合侧身和后片，将主体表布拼接成1片。

③ 在②上依次放置铺棉和里布（两边的缝份多留一点）疏缝，然后绗缝。此时，两侧各留出3cm缝份。

④ 参照示意图缝合主体两侧，使其成环状。③中未绗缝部分继续绗缝。

⑤ 制作底面。在表布上依次放置铺棉和里布疏缝，然后进行绗缝。

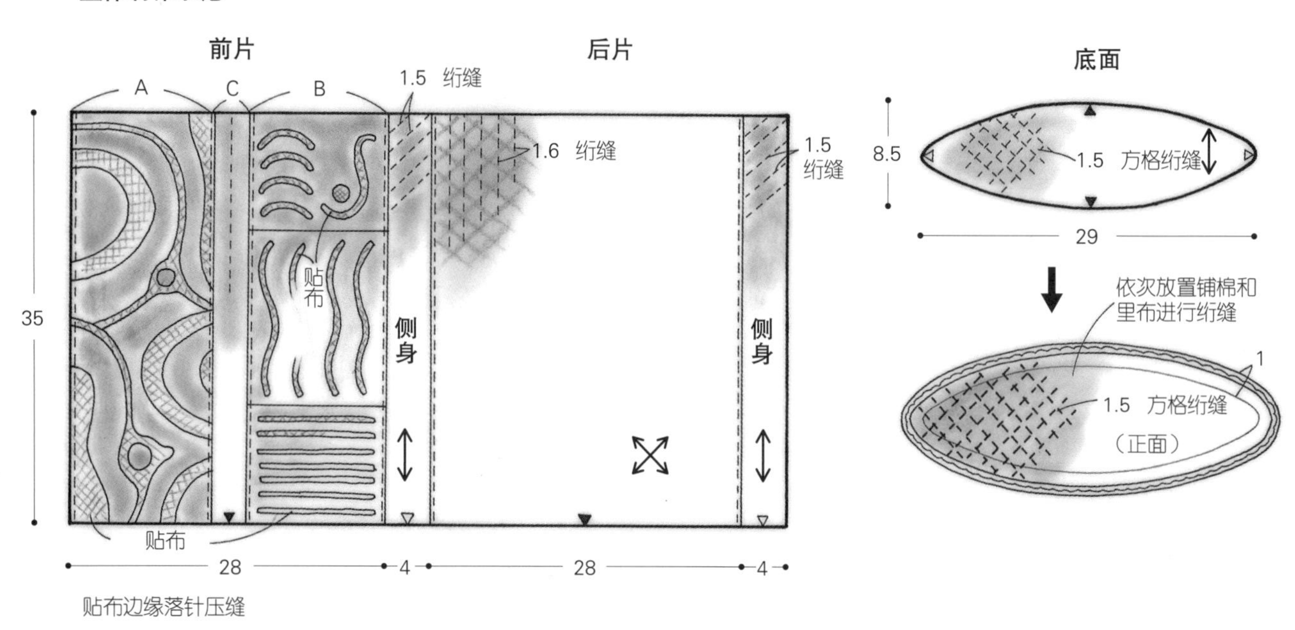

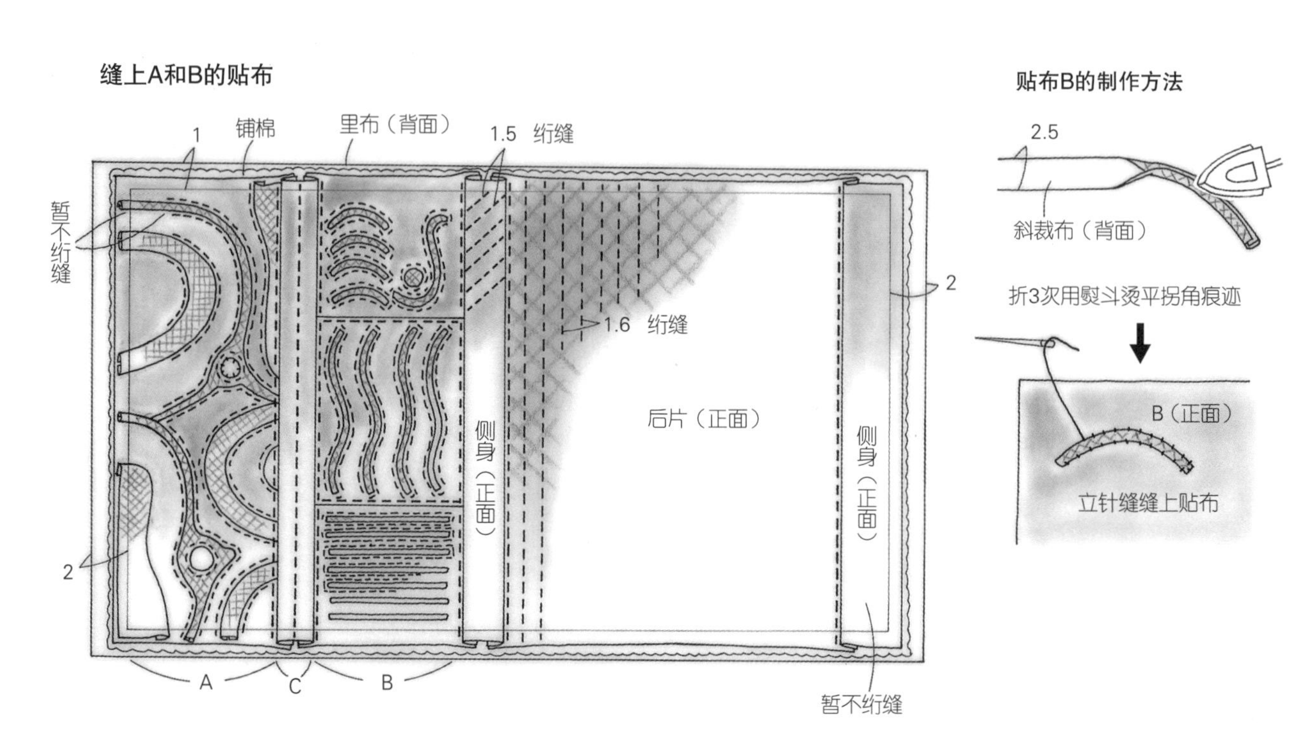

⑥ 主体和底面正面相对，对齐标记的四个地方进行缝合。斜裁成4cm宽的滚边条卷针缝缝合。
⑦ 绗缝包口。
⑧ 将侧身上部的滚边夹在提手的固定工具中，拧上螺丝装上提手。
⑨ 在包口的内侧缝上磁扣（参照第59页“缝上磁扣”示意图）。

★ 要点 先制作实物大小纸样，然后裁剪A的贴布，其他细微部分一边仔细将缝份折向里边，一边进行藏针缝。B的贴布将斜裁布做成带状，藏针缝缝合在底布上。

★ 前片、底面的实物大小纸样请参照本书附页A面。

缝合侧边

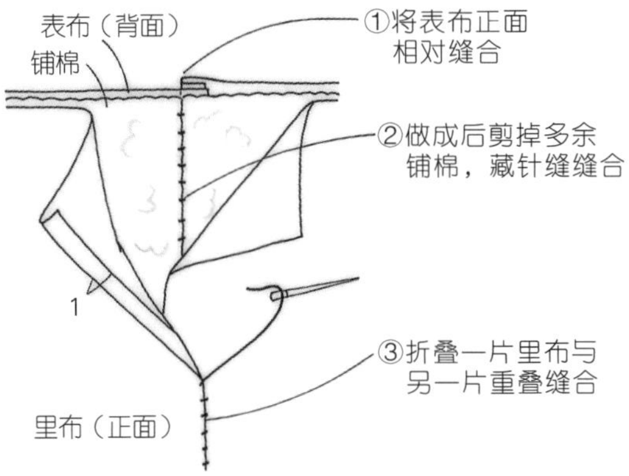

缝上底面

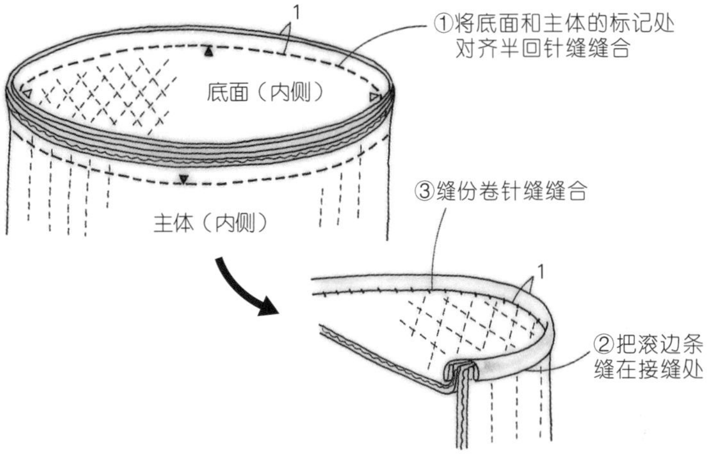

成品图

袋口滚边条

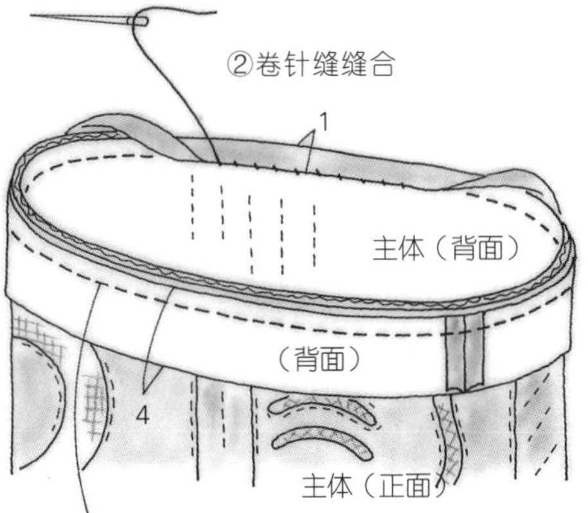

装提手

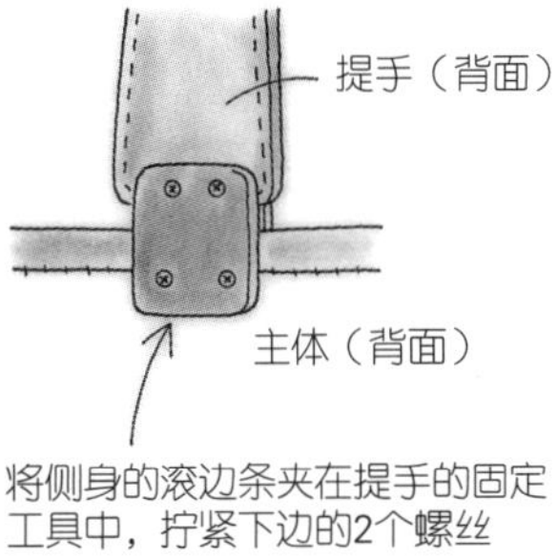

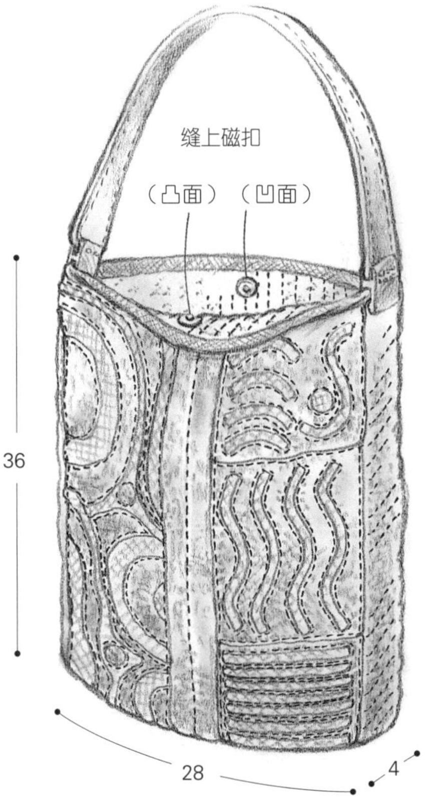

★ 材料　拼布用布…米黄色和本白色亚麻面料、帆布面料等8种各适量，侧身…米黄色条格平纹布50cmX50cm，口布…深米黄色净面布50cmX20cm，主体底布…薄质纯棉面料110cmX40cm，里袋…110cmX50cm，黏合衬…20cmX50cm，绣线…25号深、浅米黄色、原色各适量，内径26cm提手1组

成品尺寸　请参照成品图

★ 制作方法

① 参照示意图制作疯狂拼布。请参照本书最后实物大小纸样制作各个布块的纸样并进行裁剪，在底布上按照A～O的顺序依次拼缝。在布块的连接处进行刺绣。配色依据个人喜好制作8片不同的布块。

② 缝合①的4片布块制作2片主体表布。剪掉四边多余的缝份，在拼接处进行千鸟绣缝合。

③ 在侧身表布的背面贴上黏合衬，缝合底面中心。

④ 将主体前、后片和侧身正面相对

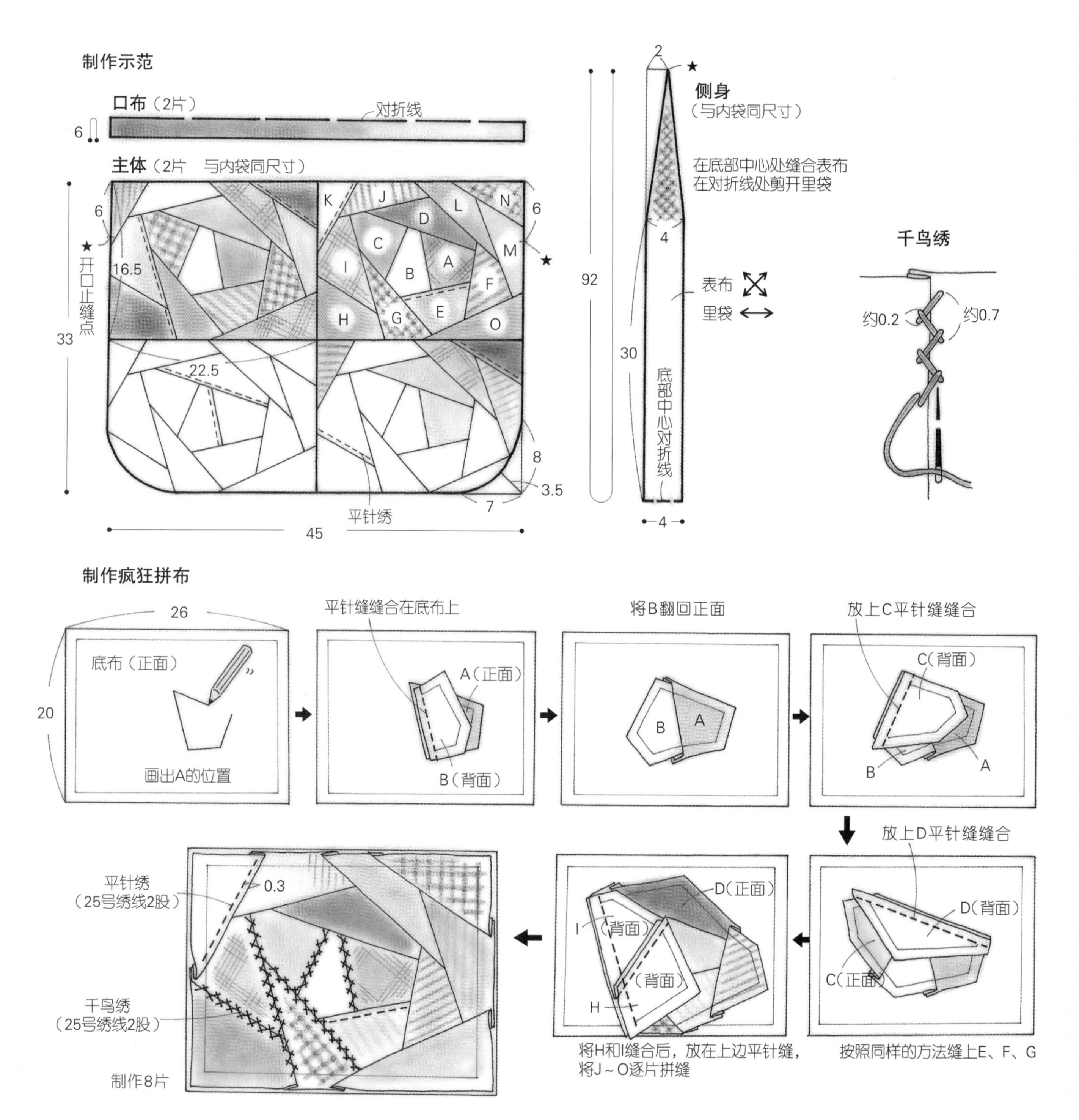

缝合。

⑤ 制作里袋。侧身的底面中心剪成环形，按照与④同样的方法制作。

⑥ 将里袋叠放入主体中，并与其背面相对藏针缝缝合。底面的滚边藏针缝缝合以防里袋露出。包口的缝份用粗针脚缝合。

⑦ 将主体口布与滚边正面相对缝合。用口布包提手，并将其藏针缝合在里袋上。

★ 疯狂拼布的实物大小纸样请参照本书附页A面。

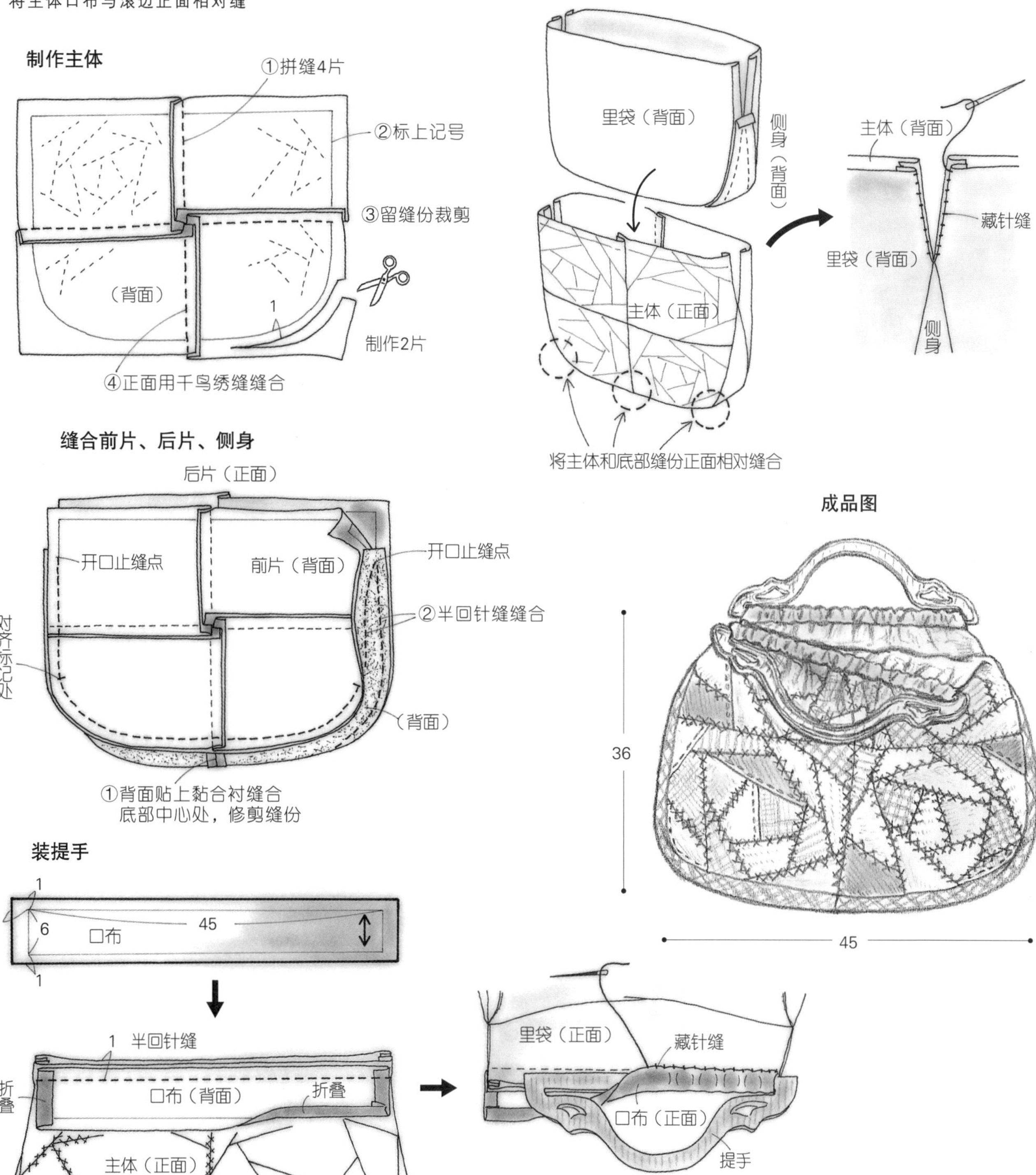

★ **材料** 拼布用布…米色系格子纹深浅色7种各20cmX30cm、米黄色纯色和淡茶色纯色面料各30cmX55cm，里布…110cmX40cm，滚边用布（斜裁布）…茶色系格子纹布4.5cmX320cm，铺棉…110cmX40cm，绣线…25号本色线适量，直径1.5cm磁扣1组，黏合衬少量

★ **成品尺寸** 请参照成品图

★ **制作方法**

① 请参照本书最后附页实物大小纸样裁剪各布块，制作表布。从中央连接到肩带的部分依图中用粗线分开区块各2～3片分别拼接，然后将其缝合在一起。

② 在①的两侧缝合A和B。布块接缝处用千鸟绣缝合。将整体纸样放在表布正面上描出成品线。制作2片。

③ 在②上叠放铺棉和里布疏缝，然后进行绗缝。此时肩带前端需多出3cm缝份。

④ 缝制底部的皱褶。

⑤ 将两片主体背面相对，将3个标记处分别对齐从止缝处缝至止缝处。

⑥ 缝合肩带前端（请参照第81页“缝合侧边”方法示意图）。将③中肩带留出部分绗缝。

⑦ 参照示意图缝合缝份，从止缝处缝至袋口。

⑧ 在包口内侧装上磁扣（请参照59页“缝上磁扣”示意图）。

★ **要点** 分别制作各个布块、整体、肩带～中央部分、A、B的纸样。不要忘记标注标记。

★ **实物大小纸样请参照本书附页B面。**

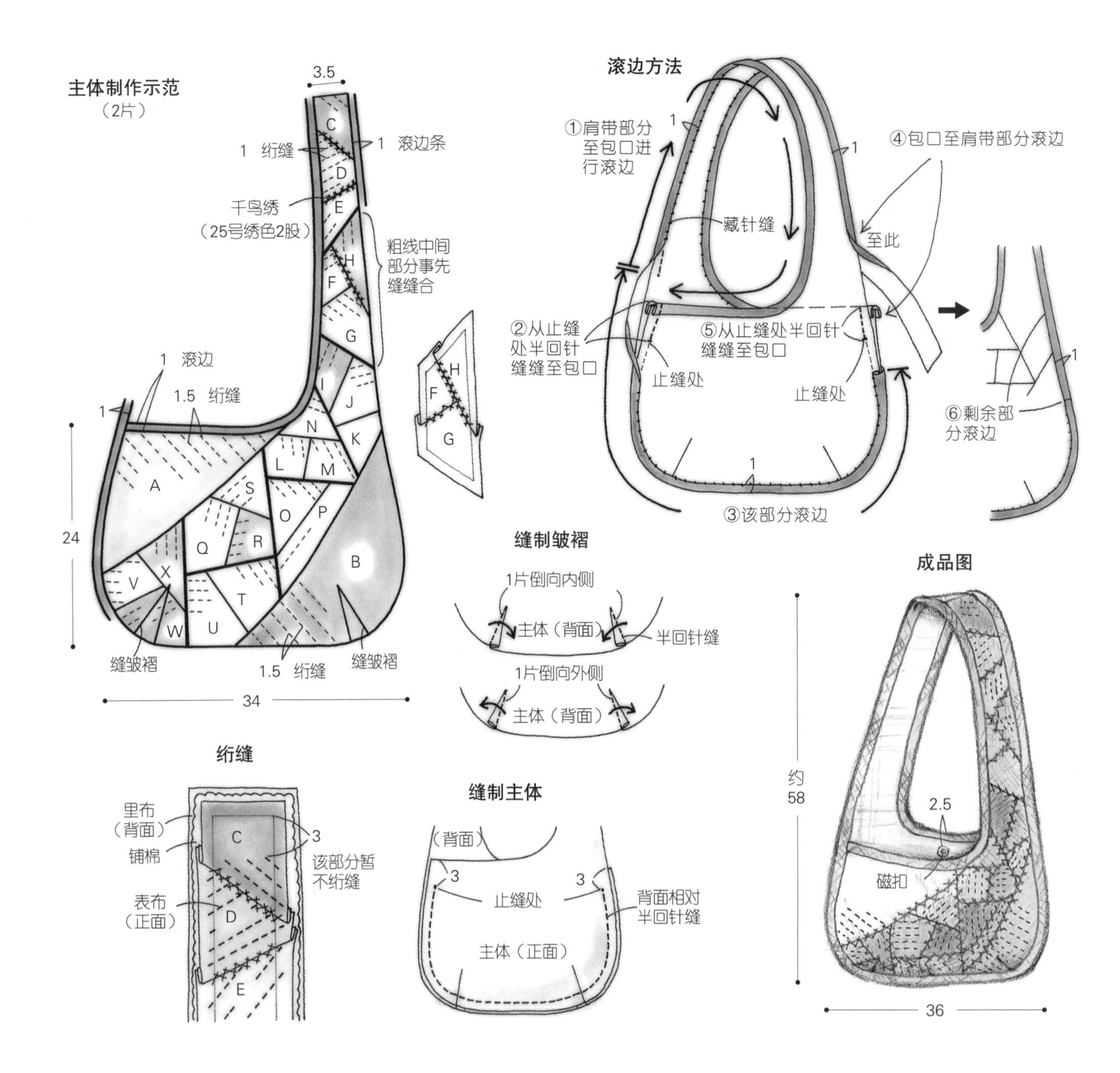

★ 材料 拼布用布…茶色系和黑色、米色系等碎布适量，表布（前片、后片、前后口袋、侧身、提手、滚边用斜裁布等）…深茶色格子布110cmX100cm，里布…110cmX60cm，铺棉…70cmX100cm，芯用布带…2cmX78cm、3cmX22cm，芯用圆绳直径0.3cmX110cm，28cm长拉链1条，宽3cmD形扣2个，宽3cm肩带1条（带有金属挂扣、日形扣）

★ 成品尺寸 请参照成品图

★ 制作方法

① 参照示意图从表布和里布上事先裁好需要的部件和滚边条。

② 在主体前片和后片、后侧口袋、侧身的表布上均依次放置铺棉和里布疏缝固定，然后进行绗缝。后侧口袋袋口滚边处理。

③ 将前侧口袋表布和里布正面相对再放入铺棉缝合三边。翻回正面绗缝，缝合袋口。缝合褶子。

④ 拼缝后制作表盖A。将三边滚边疏缝固定，与里布正面相对放上铺棉缝合三边。翻回正面绗缝。用斜裁布滚边。

⑤ 制作提手，装在主体前片和后片上。

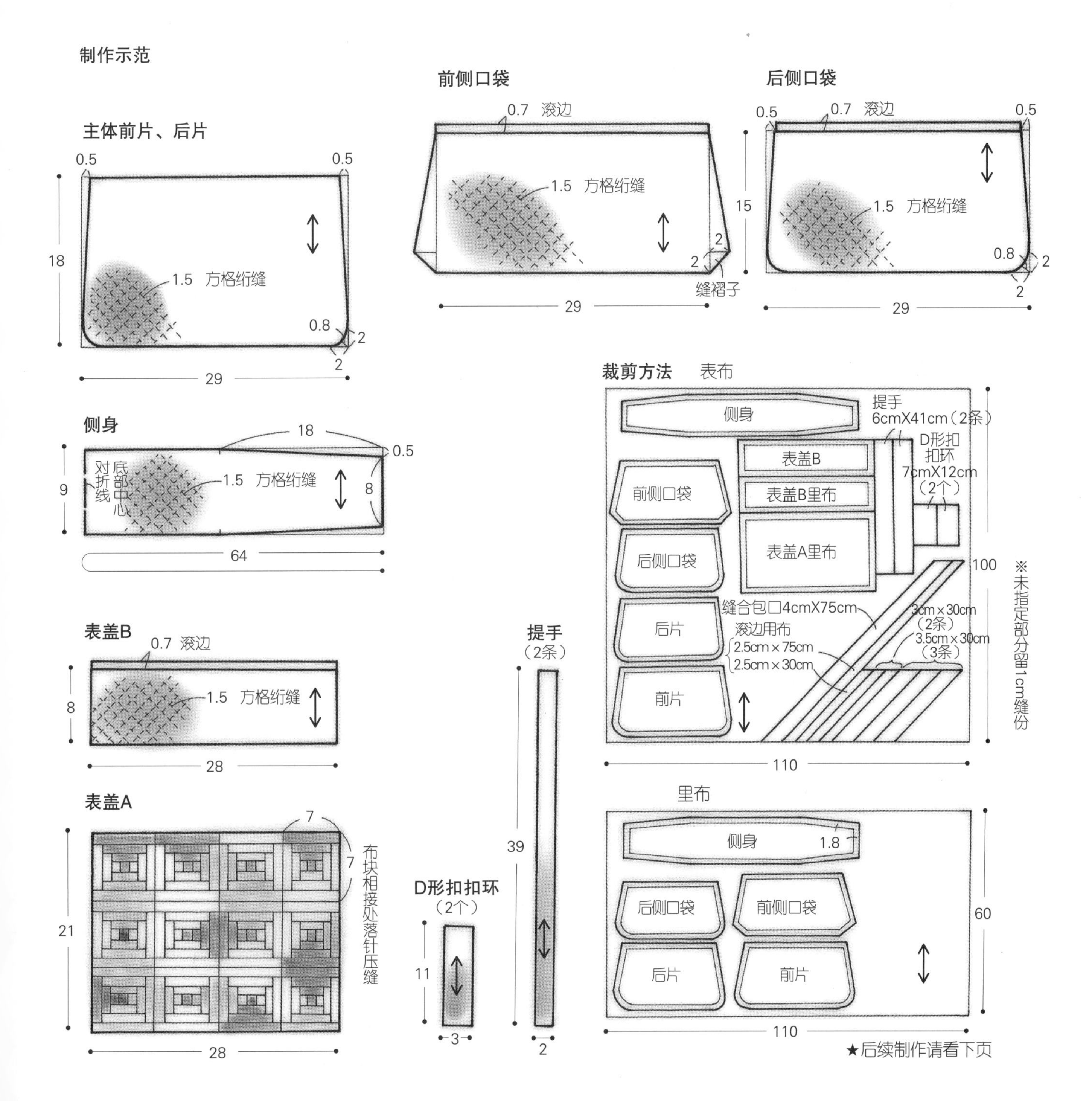

★后续制作请看下页

⑥ 按照③同样的方法将表盖B的表布、里布、铺棉依次放置缝制左右两侧。翻回正面绗缝，上部滚边处理。下部与滚边条一起缝合在主体后片上。

⑦ 在⑥上疏缝固定后侧口袋，与侧身正面相对缝合。侧身的相反一侧缝在主体前片上。

⑧ ⑦的包口滚边处理。制作D形扣扣环，并装上D形扣，将其缝在侧身内侧。

⑨ 在前侧口袋和主体前片上装上拉链，并将前侧口袋以藏针缝缝合在主体上。

⑩ 表盖A和B两侧3cm处分别卷针缝。

⑪ 将肩带装在D形扣上。

制作前侧口袋

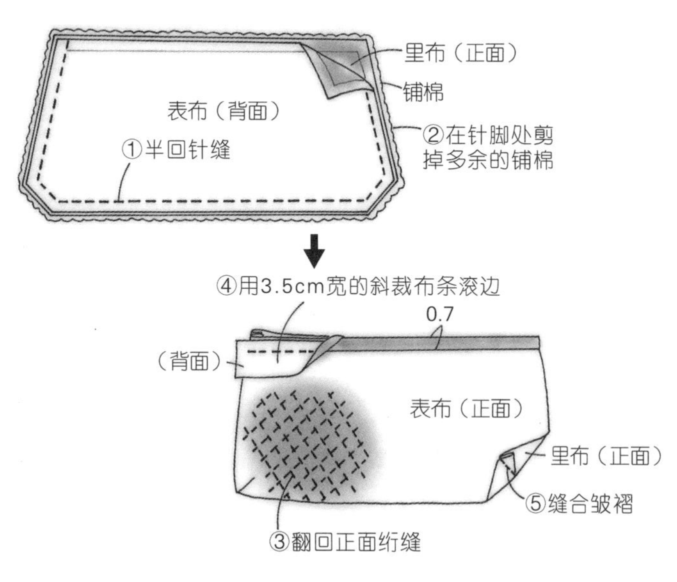

制作并安装提手

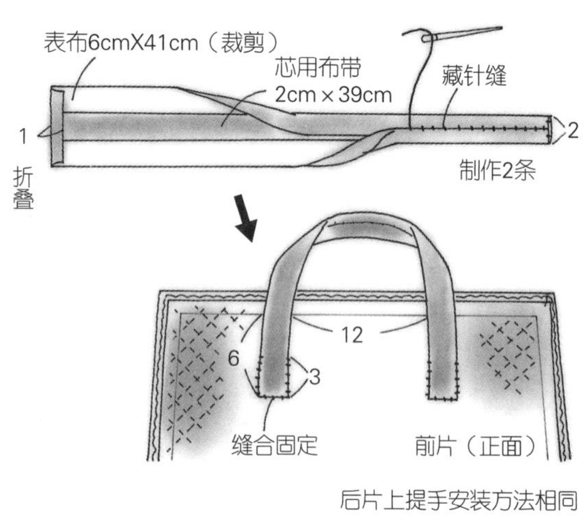

制作表盖A

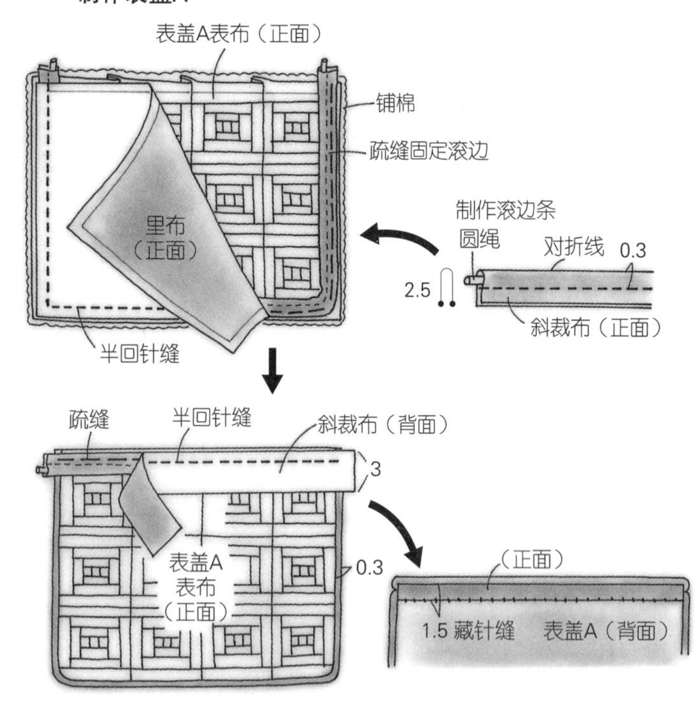

制作表盖B

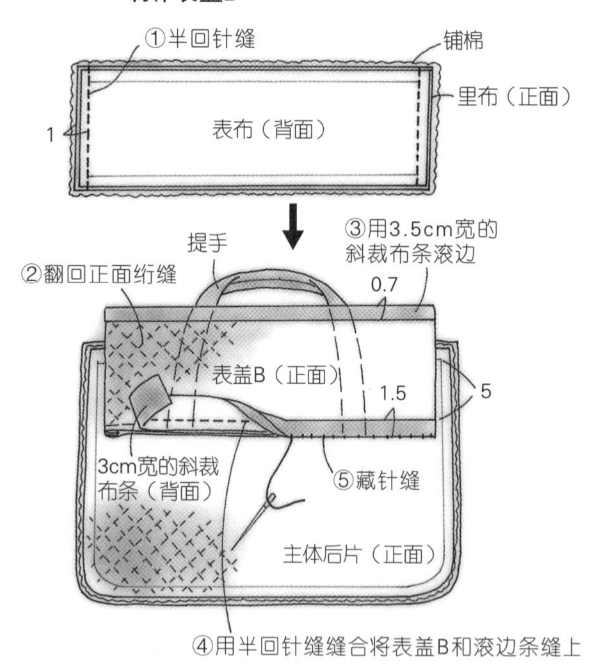

缝合主体和侧身

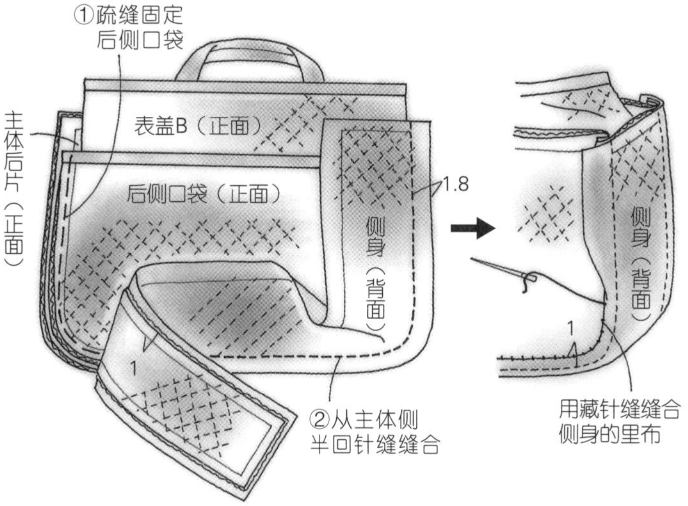

实物大小纸样

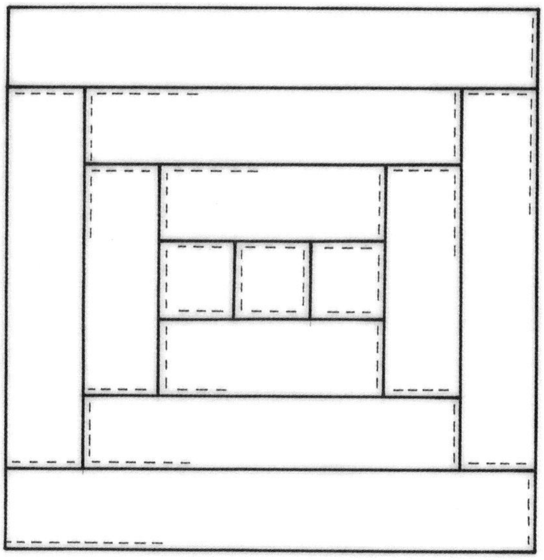

缝合包口

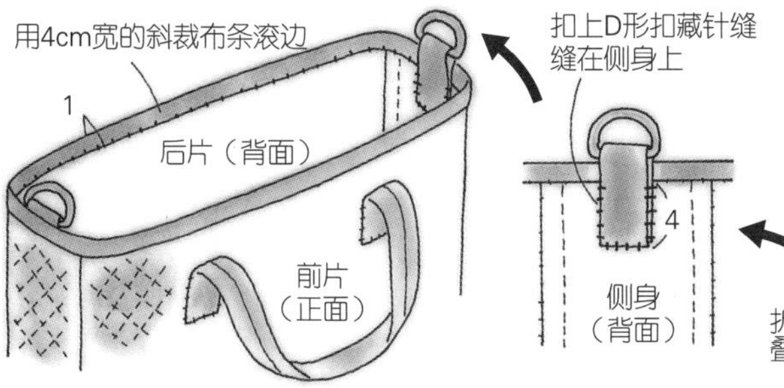

D扣扣环

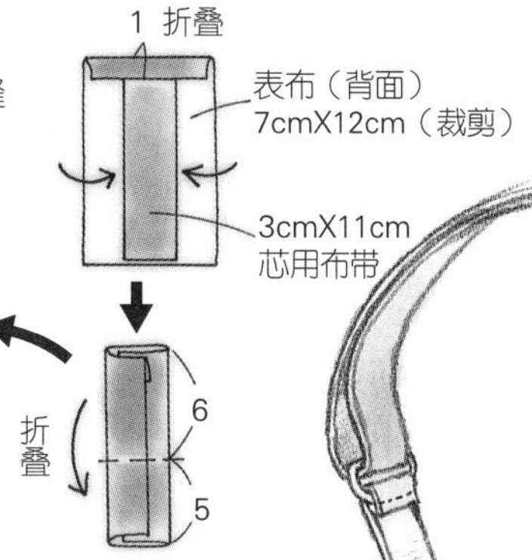

成品图

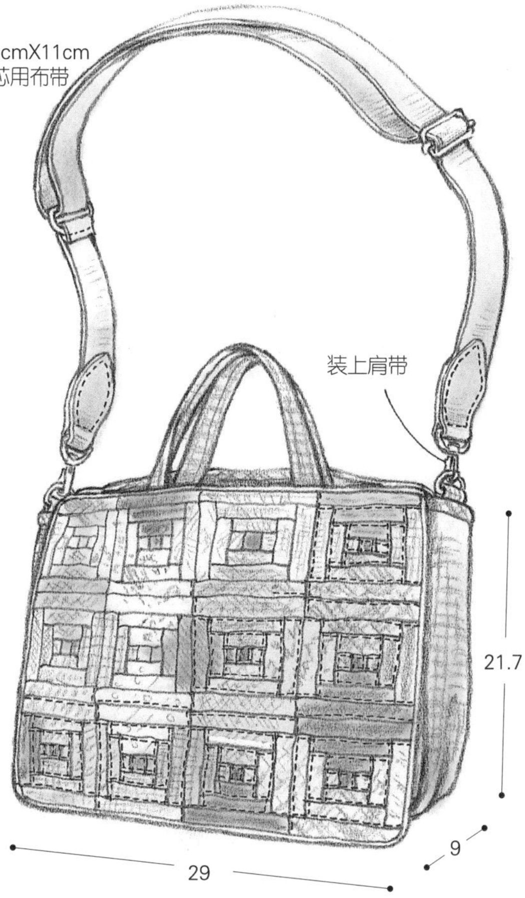

缝上前侧口袋

缝合表盖A和B的两端

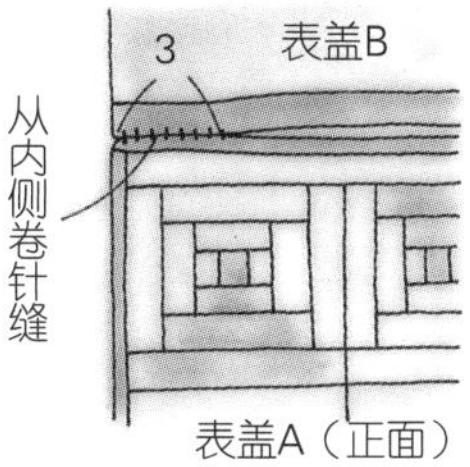

★ **材料** 拼布用布、贴布用布…碎布适量，底布、后侧口袋…米黄色粗花呢面料30cmX55cm（含滚边用斜裁布3.5cmX25cm），内袋、包盖、包盖里布…茶色格子纹布30cmX55cm（含挂绳和前侧口袋的滚边用斜裁布3.5cmX20cm），里布…30cmX30cm，铺棉…20cmX20cm，黏合衬…15cmX15cm，8cm长拉链1条，直径1.5cm纽扣1枚，直径1.3cm磁扣1组

★ **成品尺寸** 请参照成品图

★ **制作方法**

① 制作前侧口袋。拼缝制作表布，依次放置铺棉和里布疏缝固定，然后绗缝。口袋口部滚边。

② 制作后侧口袋。在表布上镶上六边形布块拼接的主题图案贴布，然后依次放置铺棉和里布疏缝固定，然后绗缝。口袋口部滚边。

③ 在外侧底布背面贴上黏合衬，将直线部分滚边。

④ 将①和③缝合，缝上拉链，在底布上叠放②疏缝固定。拉链拉开一半。

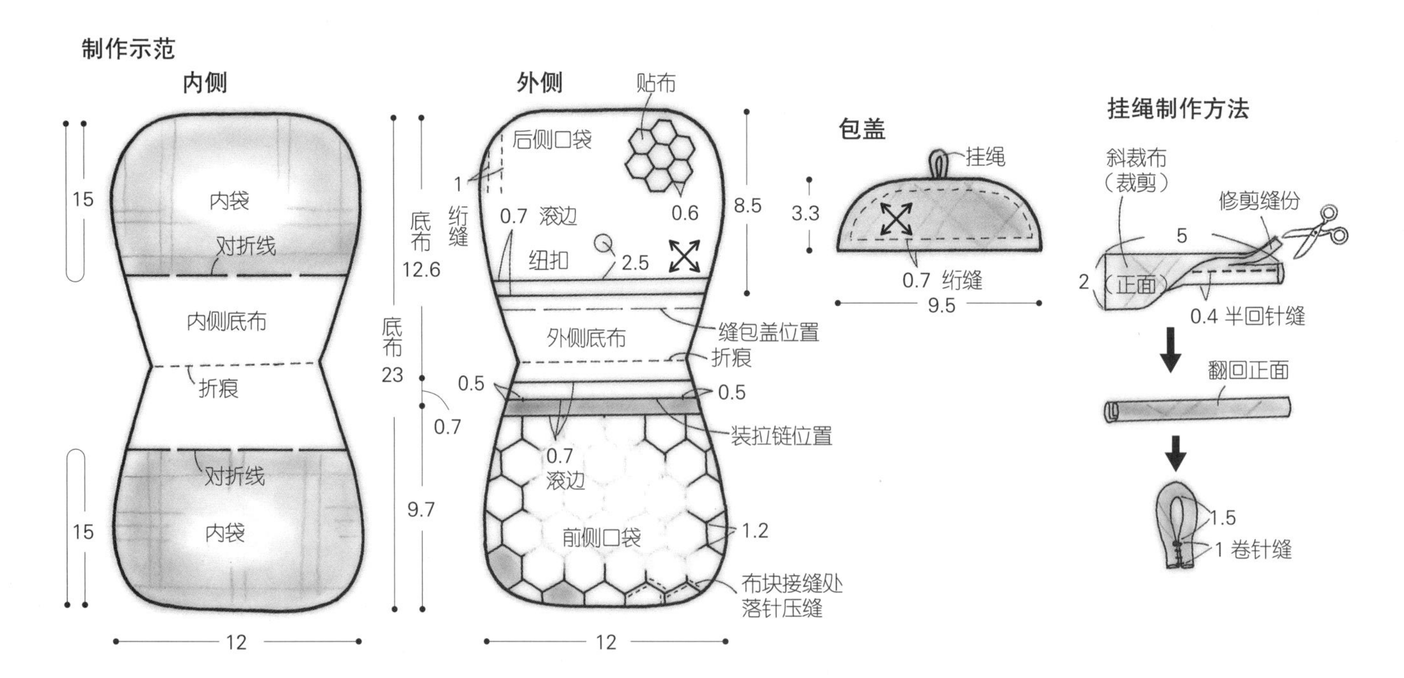

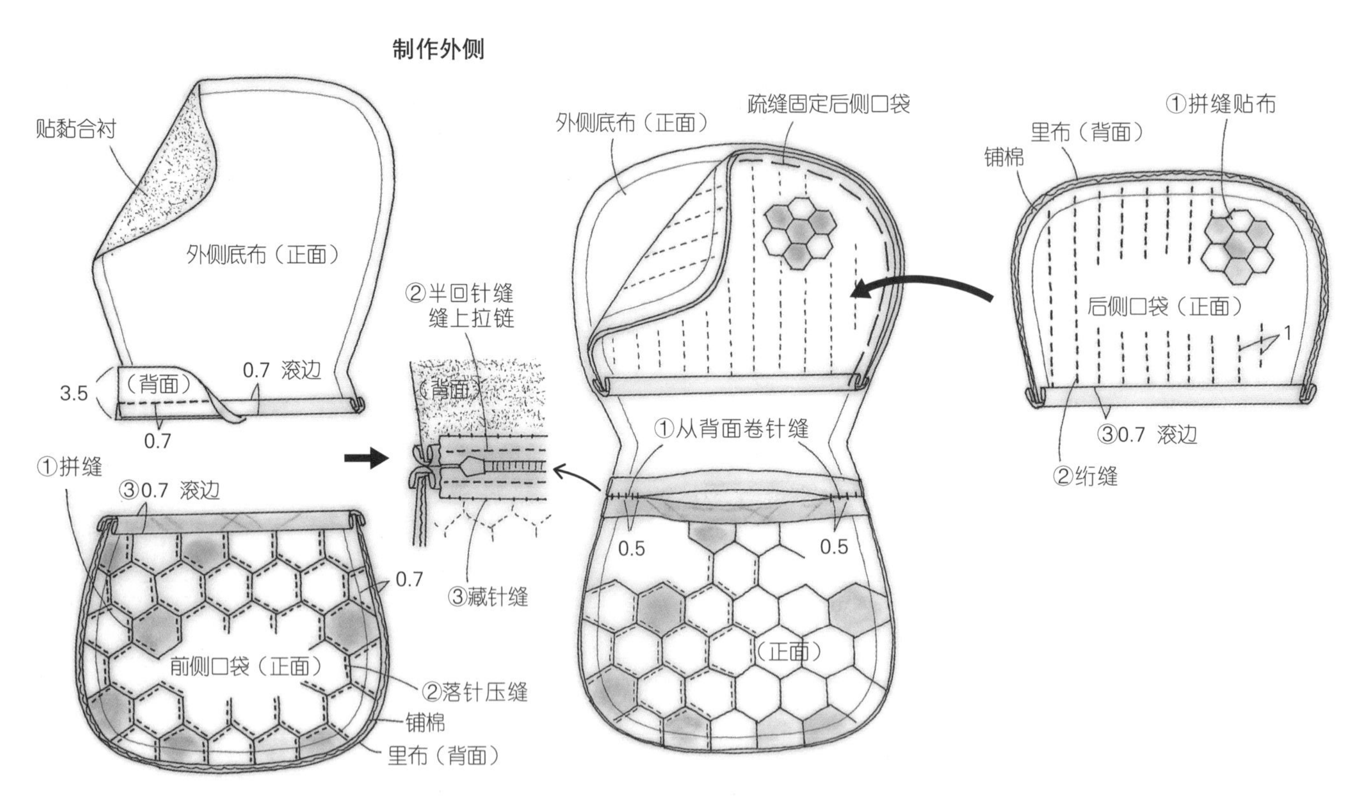

⑤ 事先准备好2片对折的内袋，缝上磁扣。
⑥ 内侧底布上叠放⑤疏缝固定。
⑦ 将④和⑥正面相对缝合周边。缝份用里布裁剪的4cm宽的斜裁布滚边。从拉链口翻回正面。
⑧ 制作缝有挂绳的包盖，将其藏针缝缝在外侧底布缝制包盖位置。在后侧口袋上缝上纽扣。
⑨ 折痕处平针绣固定外侧和内侧底布。
★ 实物大小纸样请参照本书附页A面。

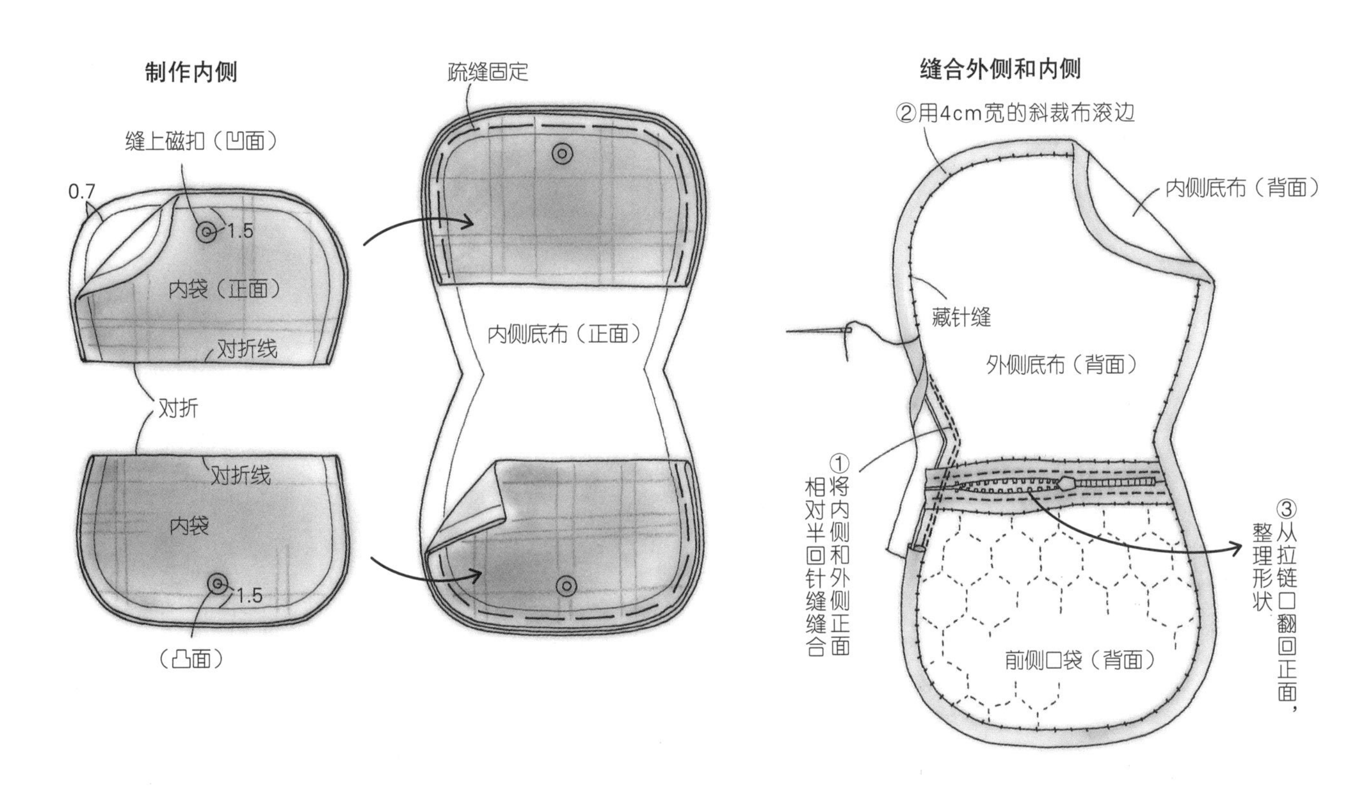

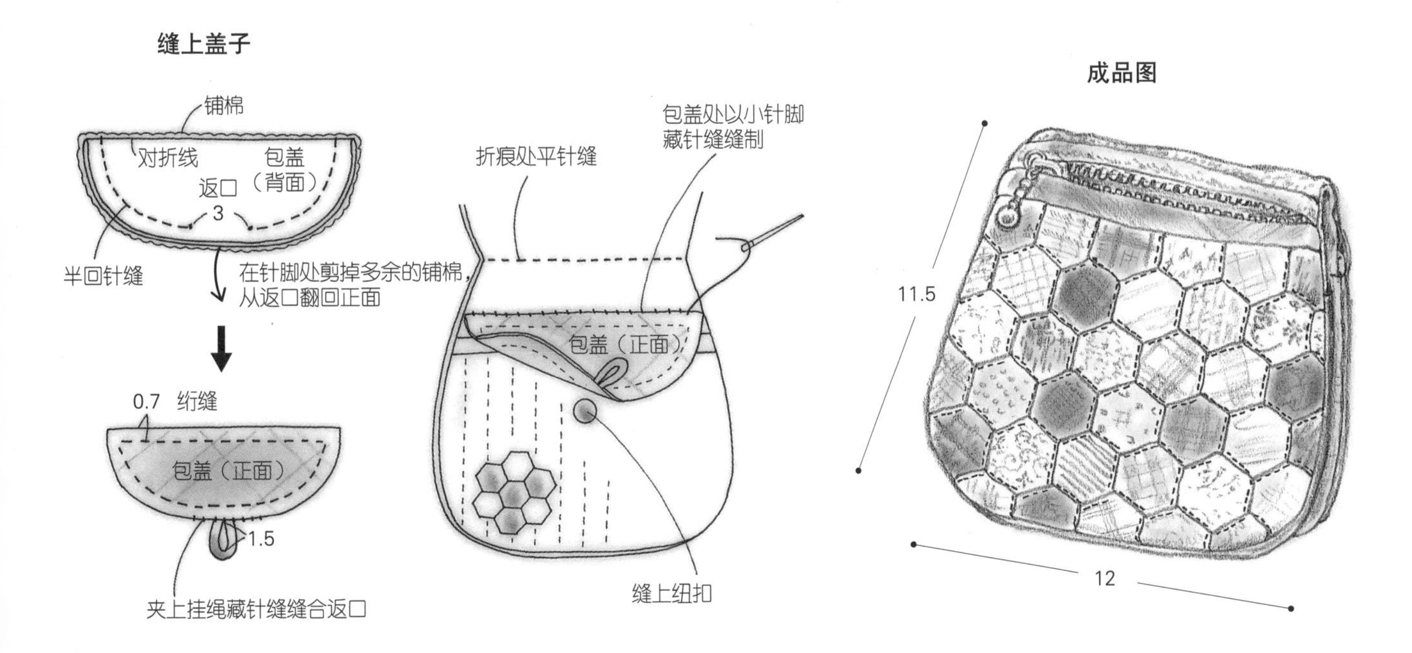

★ **材料** 拼布用布…米黄色粗花呢面料25cmX35cm、茶色系格子布和条纹布等碎布适量，主体、侧身、口袋B、肩带…深灰色净面布55cmX100cm（含滚边用斜裁布4.5cmX45cm），里布…110cmX50cm，铺棉…50cmX100cm，宽2.5cm纯棉布条98cm长，绣线…25号茶色适量，灰色中粗线适量

★ **成品尺寸** 请参照成品图

★ **制作方法**

① 进行拼缝和刺绣制作口袋A的表布。

② 用单螺纹针编织袋口A、B。编织完时用单螺纹收针。

③ 将口袋A的表布和袋口正面相对疏缝固定。再将其与里布正面相对叠放入铺棉，缝合袋口。翻回正面绗缝。

④ 制作口袋B。将疏缝固定袋口的表布和里布正面相对，叠放入铺棉缝合侧边以外的其他三边。翻回正面整理形状。

⑤ 口袋A上依次叠放口袋B，从背面小针脚缝合。

⑥ 制作主体前片、后片、侧身。分

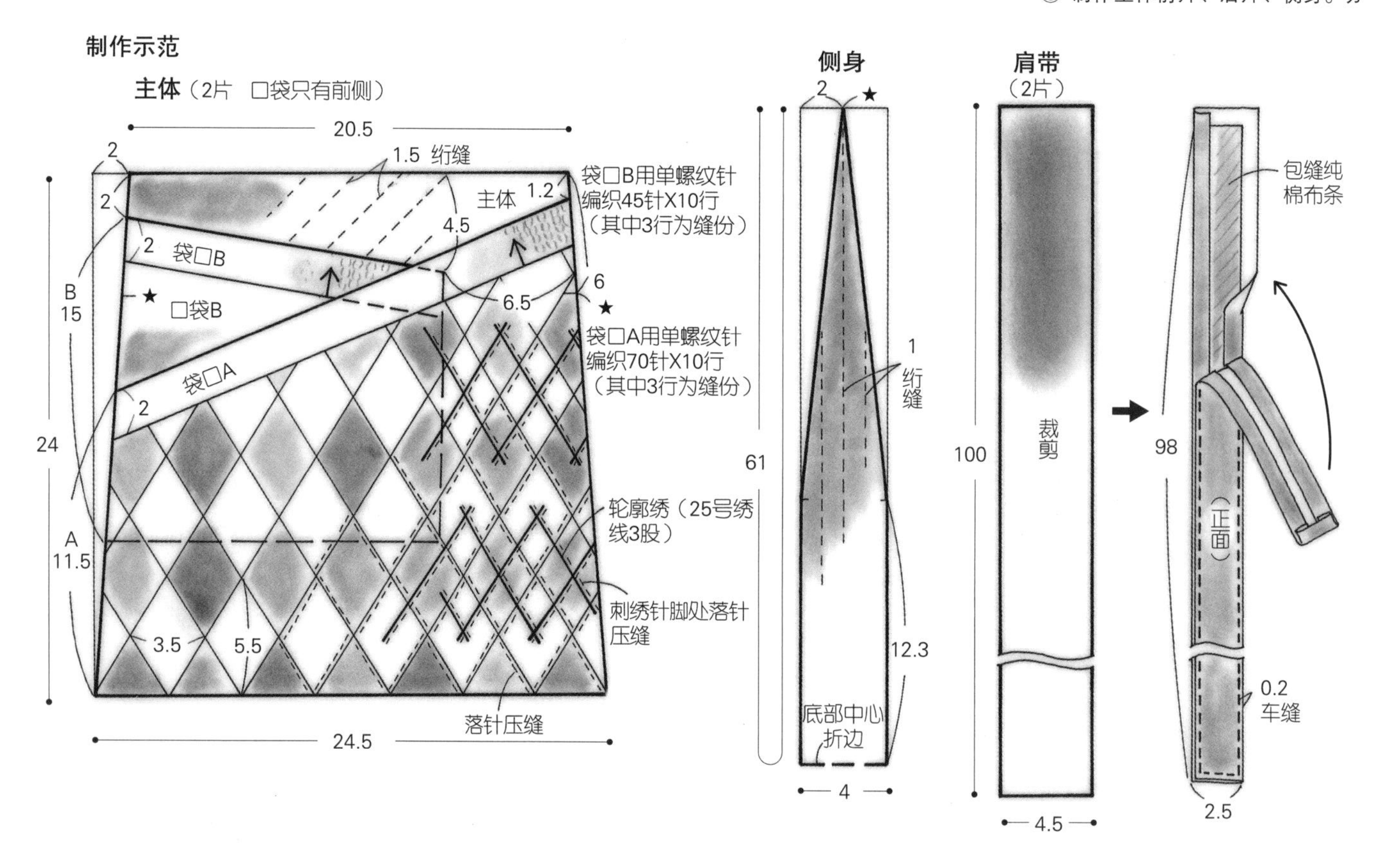

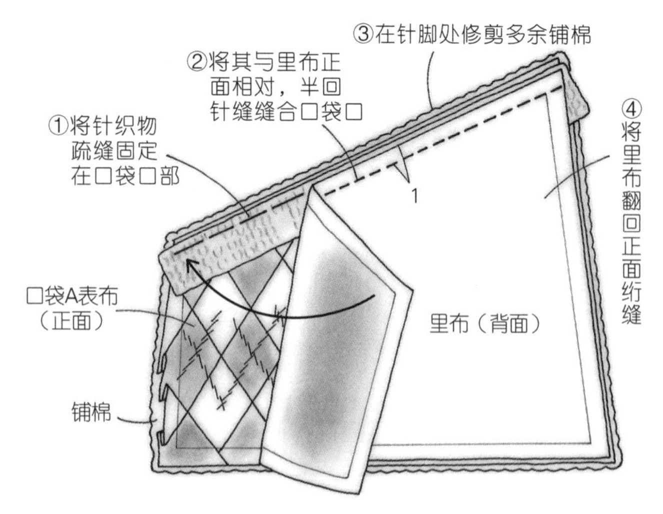

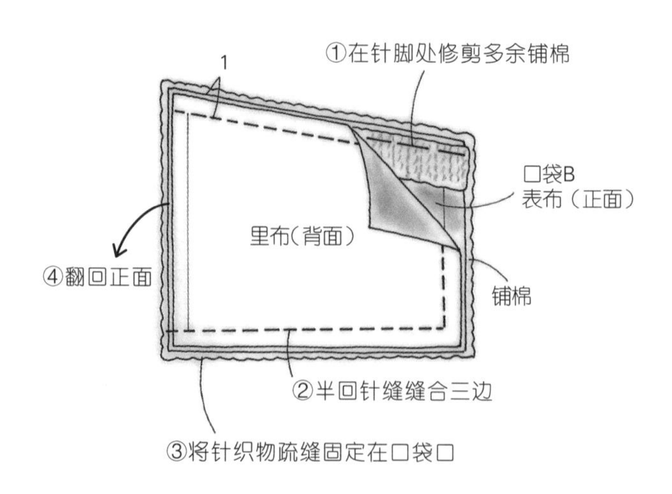

别在其表布上依次放置铺棉和里布疏缝，然后绗缝。将两侧和包底部分多余的铺棉在接缝处剪掉。

⑦ 将⑤叠放在主体前片上疏缝固定。将其与侧身正面相对，从★标记的止缝处缝至止缝处。同样将侧身的相反一侧与后片缝合。

⑧ 将主体前片与后片正面相对，从包口缝至止缝处。缝份4cm宽的用剪成斜裁布的里布卷针缝合。

⑨ 包口进行滚边。

⑩ 制作肩带，藏针缝缝在主体两侧。

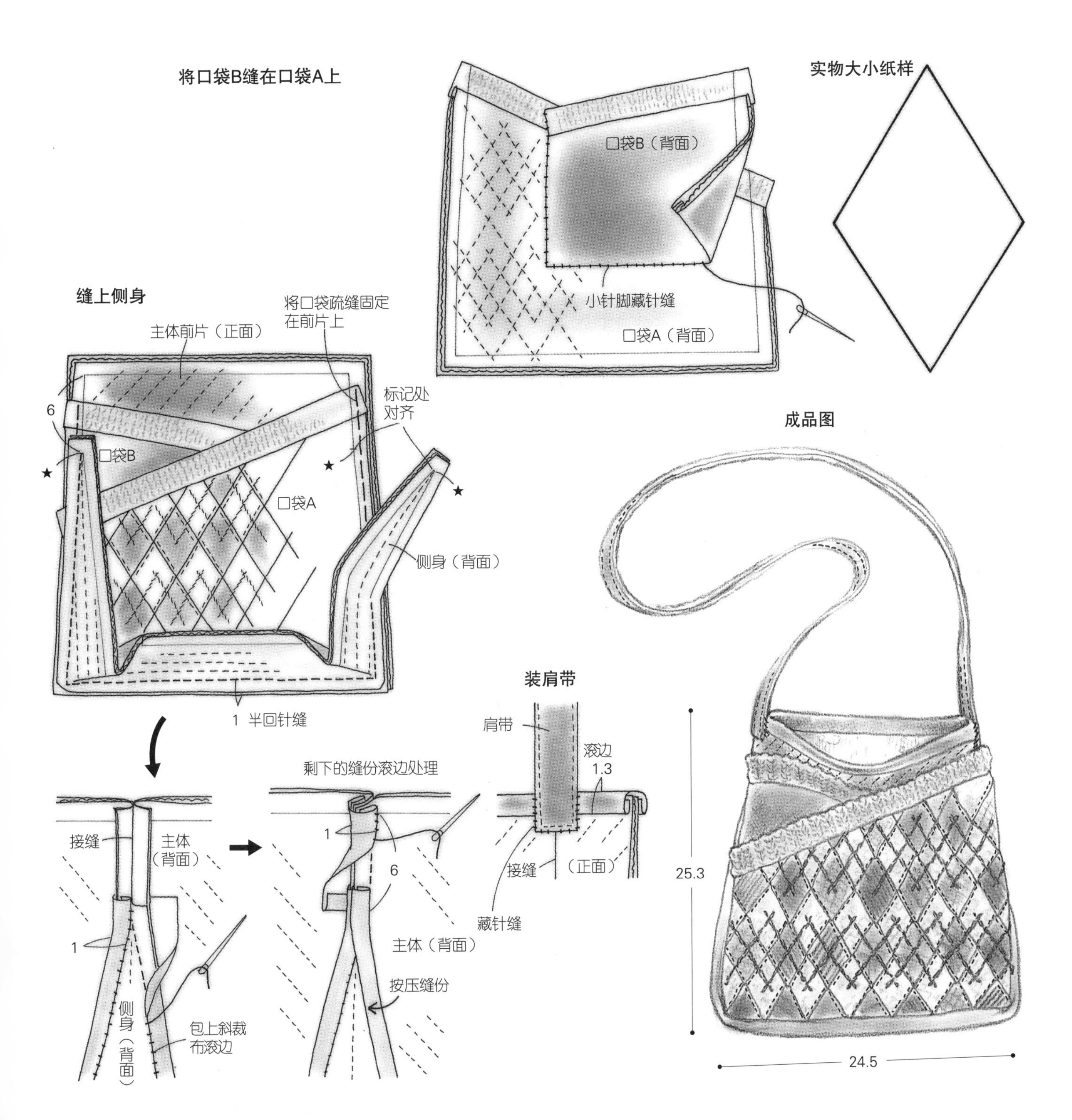

★ **材料**（3款相同，制作一款所需材料） 贴布绣用布…格子纹和小碎花印花布、毛料、蝉翼纱、缎子等碎布依据个人喜好准备，底布…米黄色净面布30cmX30cm，铺棉…22cmX22cm，花样线、包芯线等花样毛线各适量，麻线、缎带、串珠等依据个人喜好准备，绣线…25号各种颜色依据个人喜好准备，底纸…厚纸22cmX22cm，内径21cm的画框1个

★ **成品尺寸** 画框内径21cmX21cm

★ **制作方法**

① 请参照本书最后附页实物大小图案在底布上画上设计图案，制作贴布绣的纸样。

② 在底布上绣上自己喜欢的贴布和刺绣图案。

③ 在②上嵌上用花样毛线和装饰带制作的花朵图案和用麻线编织的花篮。

④ 用底布包上铺棉和底纸，在背面用胶布粘贴布边，装入画框。

★ **实物大小图案请参照本书附页B面。**

制作示范（花篮） ※刺绣针法请参照实物大小图案

花朵图案的制作方法

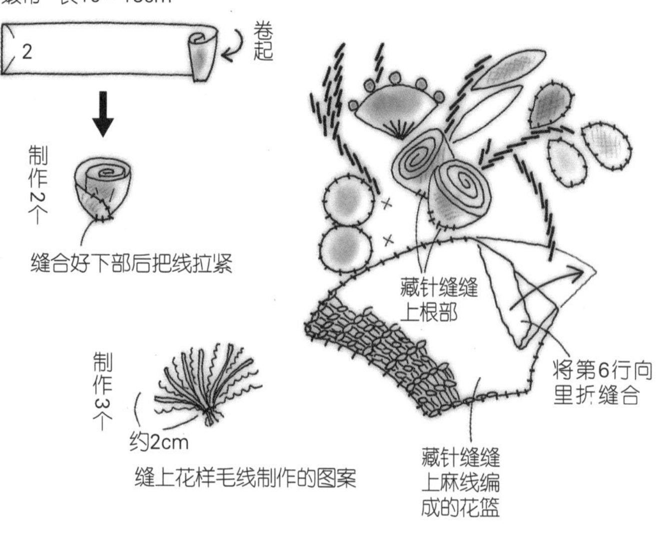

成品图

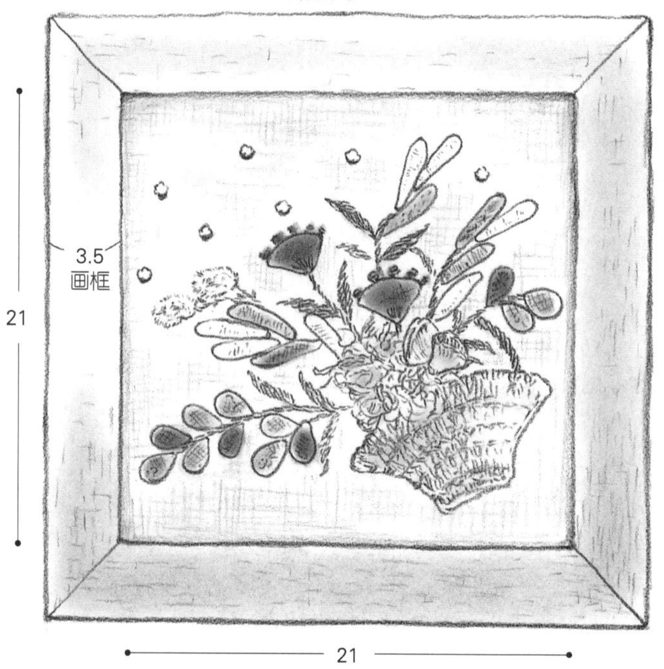

制作示范（箱形花盆）

带串珠的花朵图案制作方法

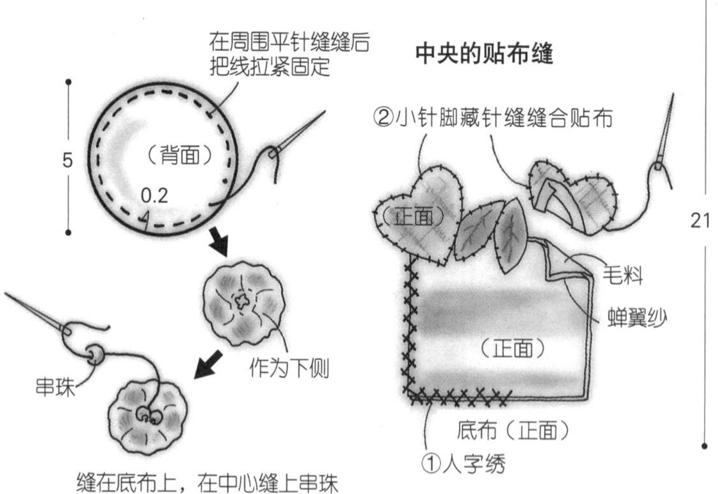

成品图

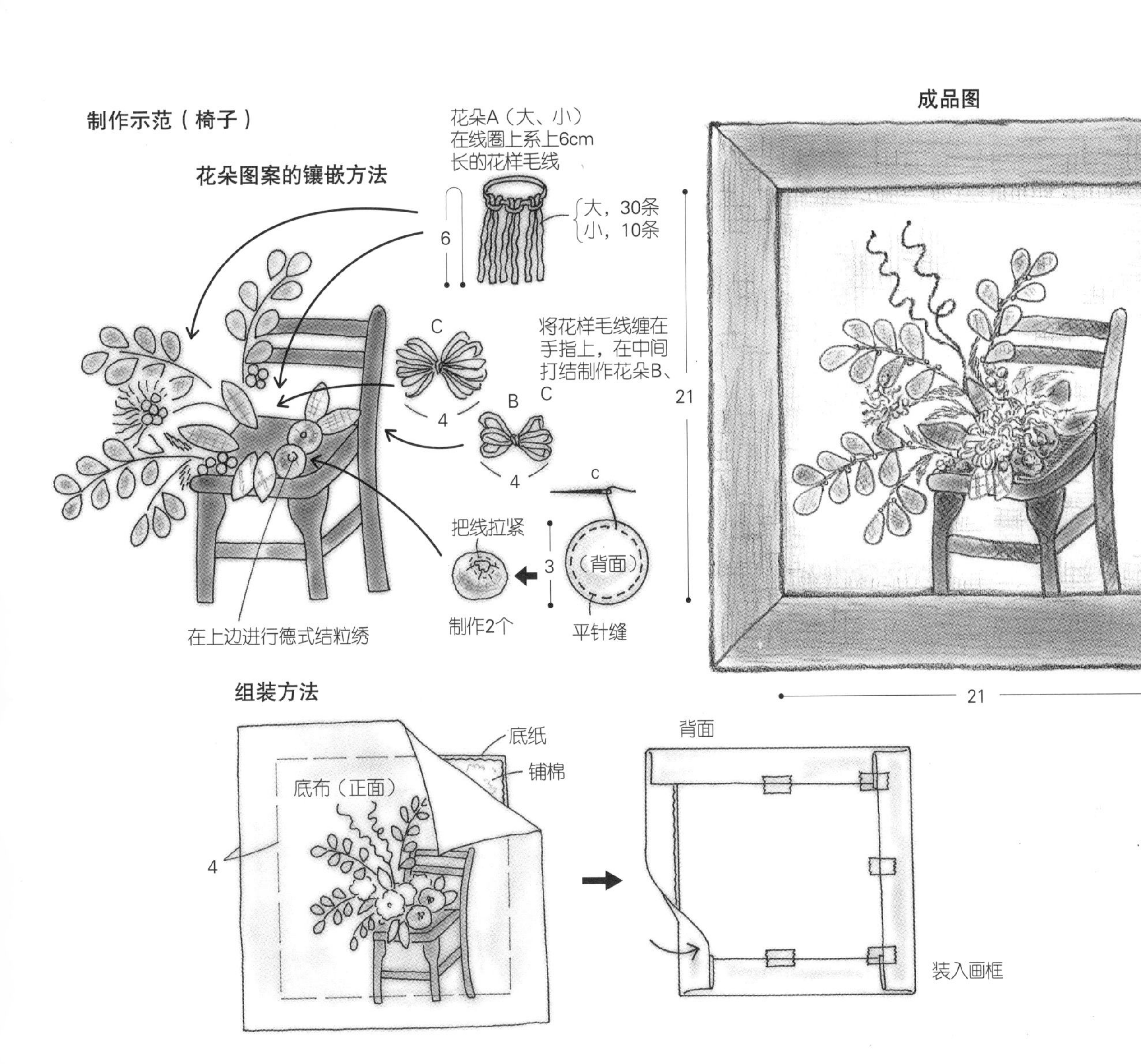
制作示范（椅子）
花朵图案的镶嵌方法
花朵A（大、小）
在线圈上系上6cm
长的花样毛线
6
大，30条
小，10条
C
4
B
4
将花样毛线缠在
手指上，在中间
打结制作花朵B、
C
c
把线拉紧
3
（背面）
制作2个
平针缝
在上边进行德式结粒绣
成品图
21
21

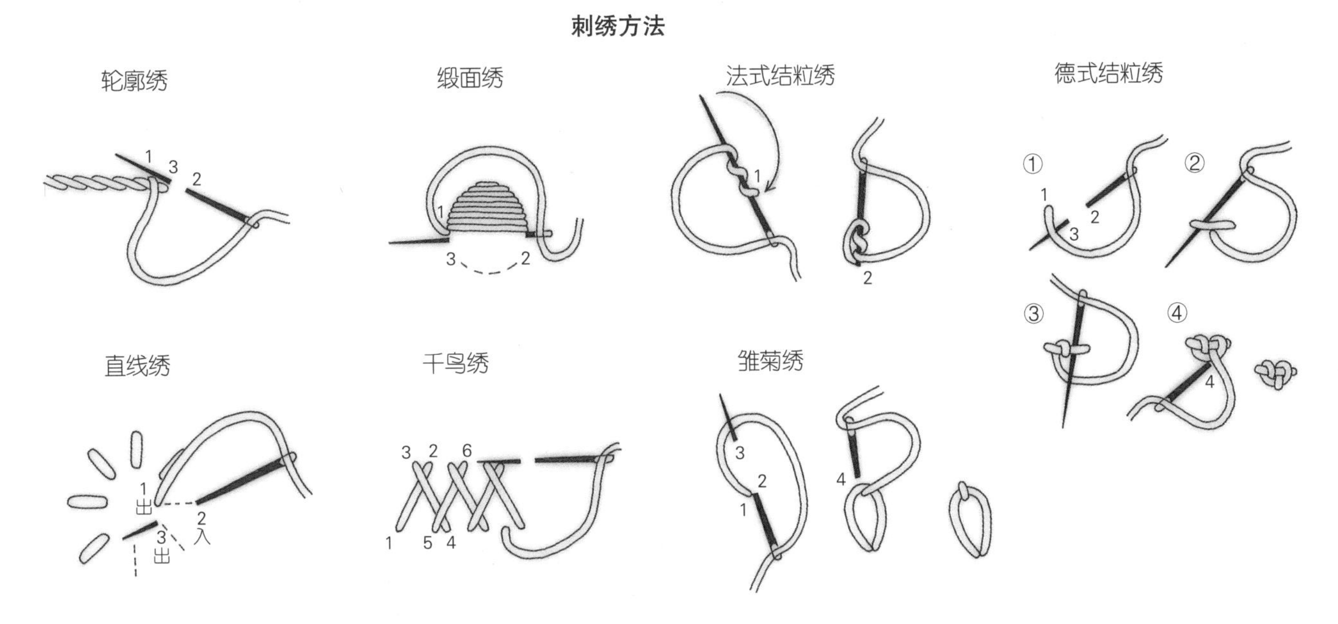
组装方法
底纸
铺棉
底布（正面）
4
背面
装入画框
刺绣方法
轮廓绣
1
3
2
缎面绣
1
3
2
法式结粒绣
1
2
德式结粒绣
①
1
2
3
②
③
④
4
直线绣
1
出
2
入
3
出
千鸟绣
3
2
6
1
5
4
雏菊绣
3
2
1
4

★ 材料 拼布用布…茶色系和灰色系碎布适量，表布（含前片上部、后片、扣环、肩带用斜裁布10cmX119cm，滚边用斜裁布3.5cmX65cm）…米色系粗花呢100cmX50cm，里布…110cmX35cm，铺棉…70cmX35cm，3cm宽纯棉布带119cm，25cm长拉链1条，3cm宽方形扣2个

★ 成品尺寸 请参照成品图

★ 制作方法

① 制作前片下部。拼缝制作表布，叠放上铺棉和里布疏缝固定，然后绗缝。袋口滚边。

② 分别在前片上部和后片表布上依次叠放铺棉和里布疏缝固定，然后绗缝。

③ 前片上部的袋口滚边处理。将其与①的袋口滚边拼接从背面卷针缝缝合两端。装上拉链，缝合下部皱褶完成前片的制作。

④ 制作扣环装上方形扣，疏缝固定在前片上部缝份上。

⑤ 将前片和后片正面相对缝合四周。此时将拉链口拉开。缝份用从里

制作示范（图案请参照实物大小纸样）

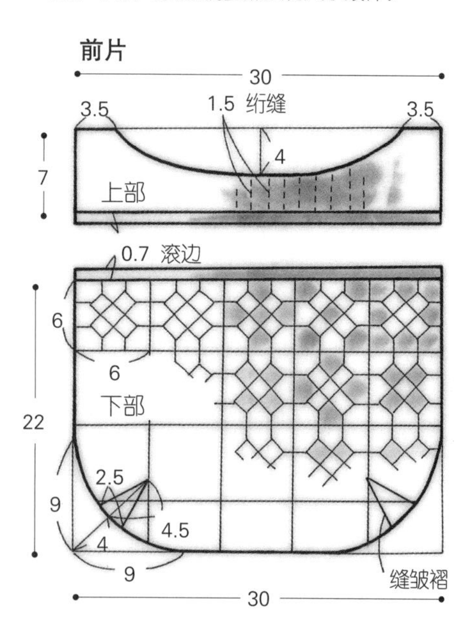

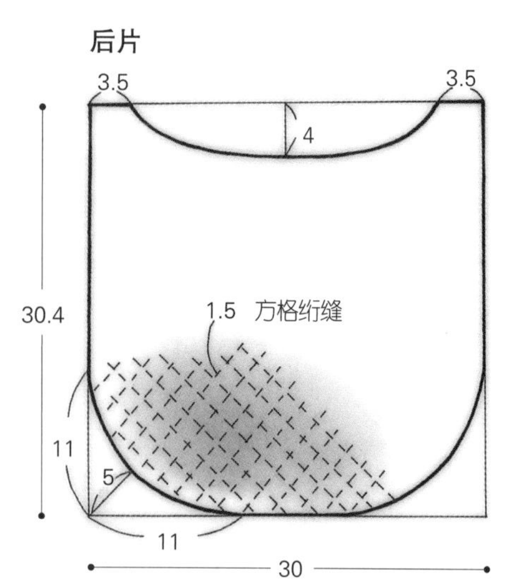

表布的裁剪方法

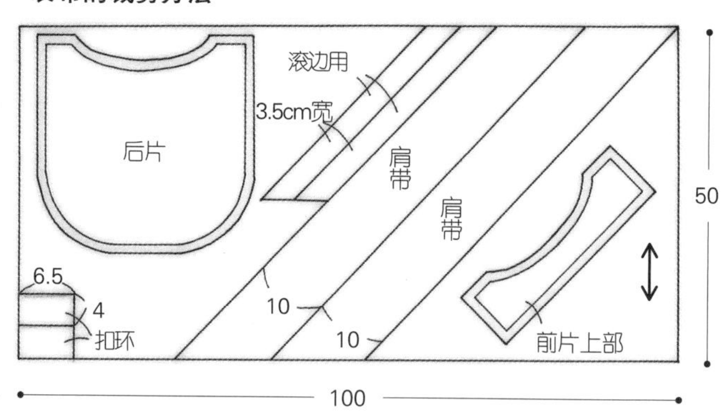

制作前片下部

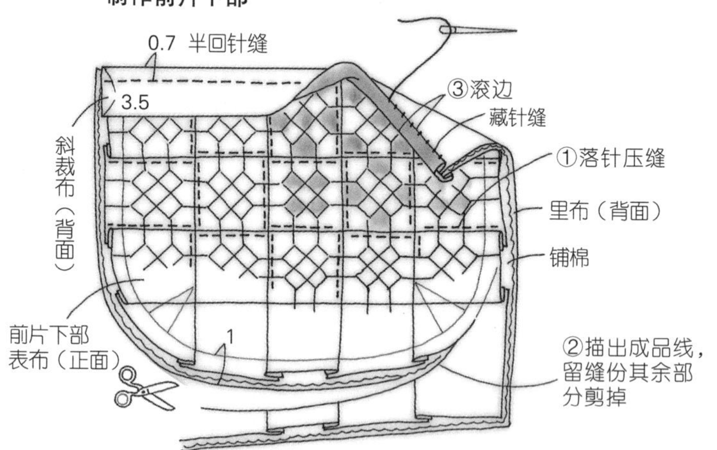

装拉链缝皱褶

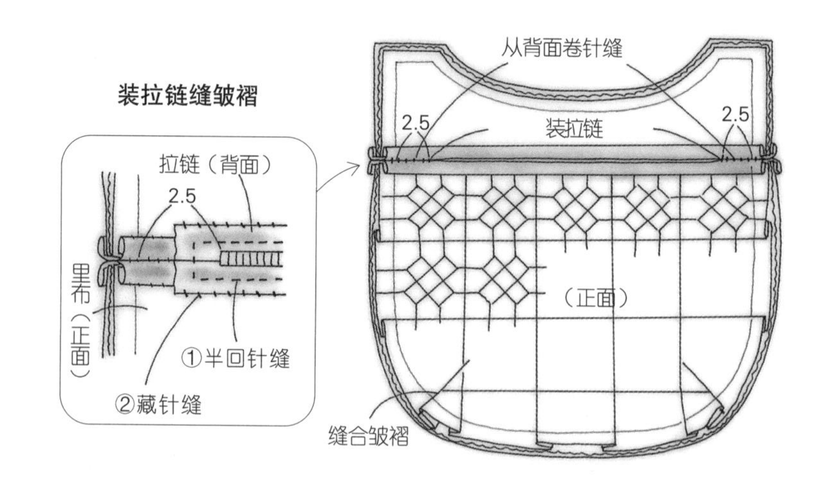

布上剪下的4cm宽的斜裁布卷针缝缝合。

⑥ 制作肩带，将其穿过方形扣缝合固定。

★ **要点** 由于芯用的宽3cm的纯棉布带有一定的厚度，所以肩带缝成3.5cm宽翻回正面时，成品效果会更好。在一端上暂时固定纯棉布带并翻回正面，只将纯棉布带两端各留1.5cm缝份，多余部分剪掉。

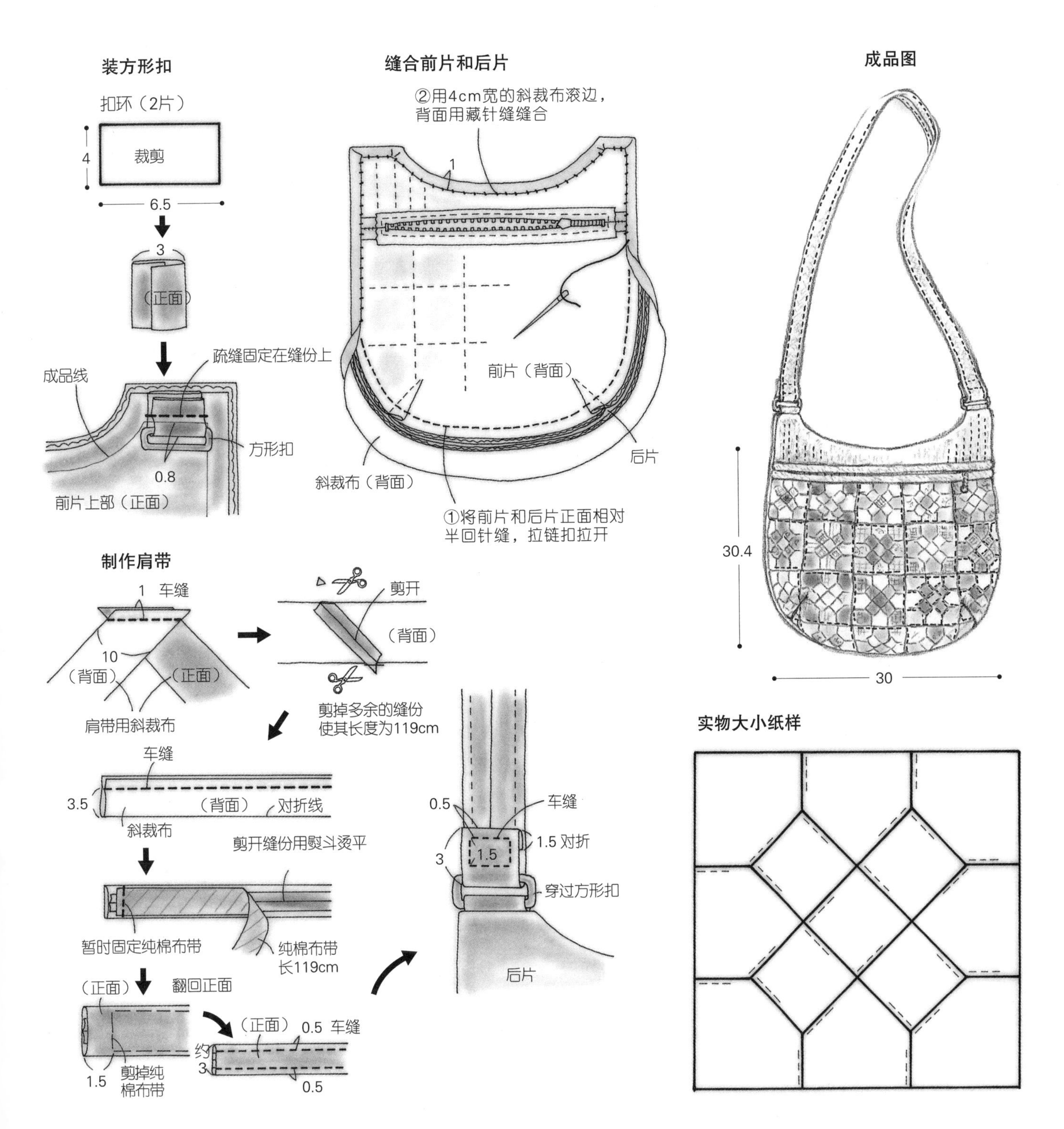

★ **材料** 拼布用布…蓝色系和米色系碎布适量，后片、侧身、拉链侧身…蓝色格子纹毛料40cmX60cm，里布…45cmX60cm，铺棉…30cmX55cm，16cm长拉链1条，直径2cm纽扣1个，直径0.1cm皮绳适量

★ **成品尺寸** 请参照成品图

★ **制作方法**

① 制作前片表布。参照本书最后附页实物大小图样，制作各个布块的纸样，然后拼缝。

② 在①上依次叠放铺棉和里布疏缝固定，然后绗缝。

③ 在后片和侧身的表布上均依次叠放铺棉和里布疏缝固定，然后绗缝。

④ 前片、后片和侧身正面相对缝合。用从里布上剪下的斜裁布卷针缝缝合。

⑤ 制作缝有拉链的拉链侧身。

⑥ 将拉链侧身与主体上端正面相对缝合。翻回正面，用点回针缝缝在主体上。

⑦ 用纽扣和皮绳制作拉链装饰，装

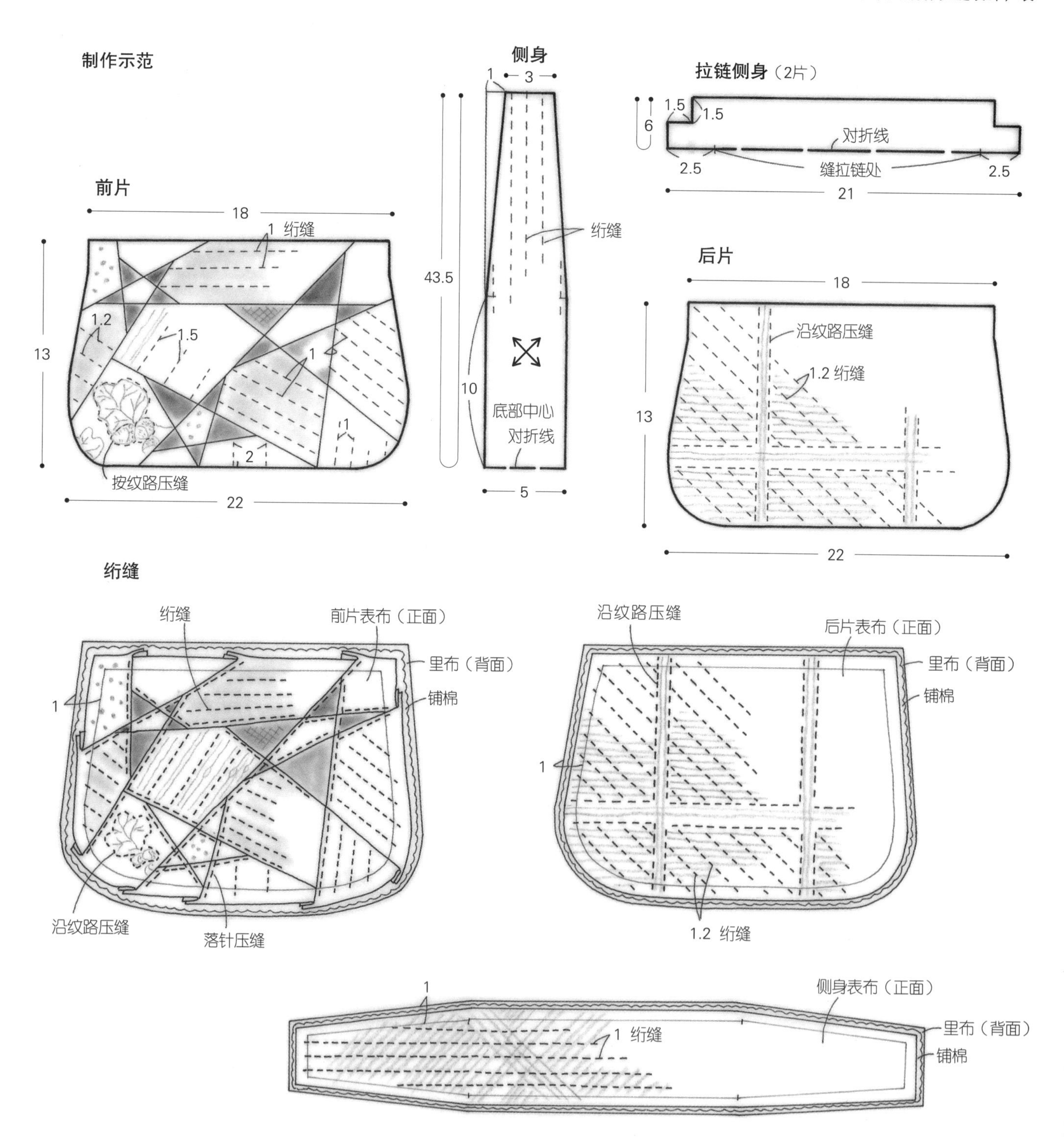

在拉链拉手上。

★ **要点** 用点回针缝缝在主体上，缝拉链侧身时，注意不要在主体正面露出针脚。

★ **前片实物大小纸样请参照本书附页B面。**

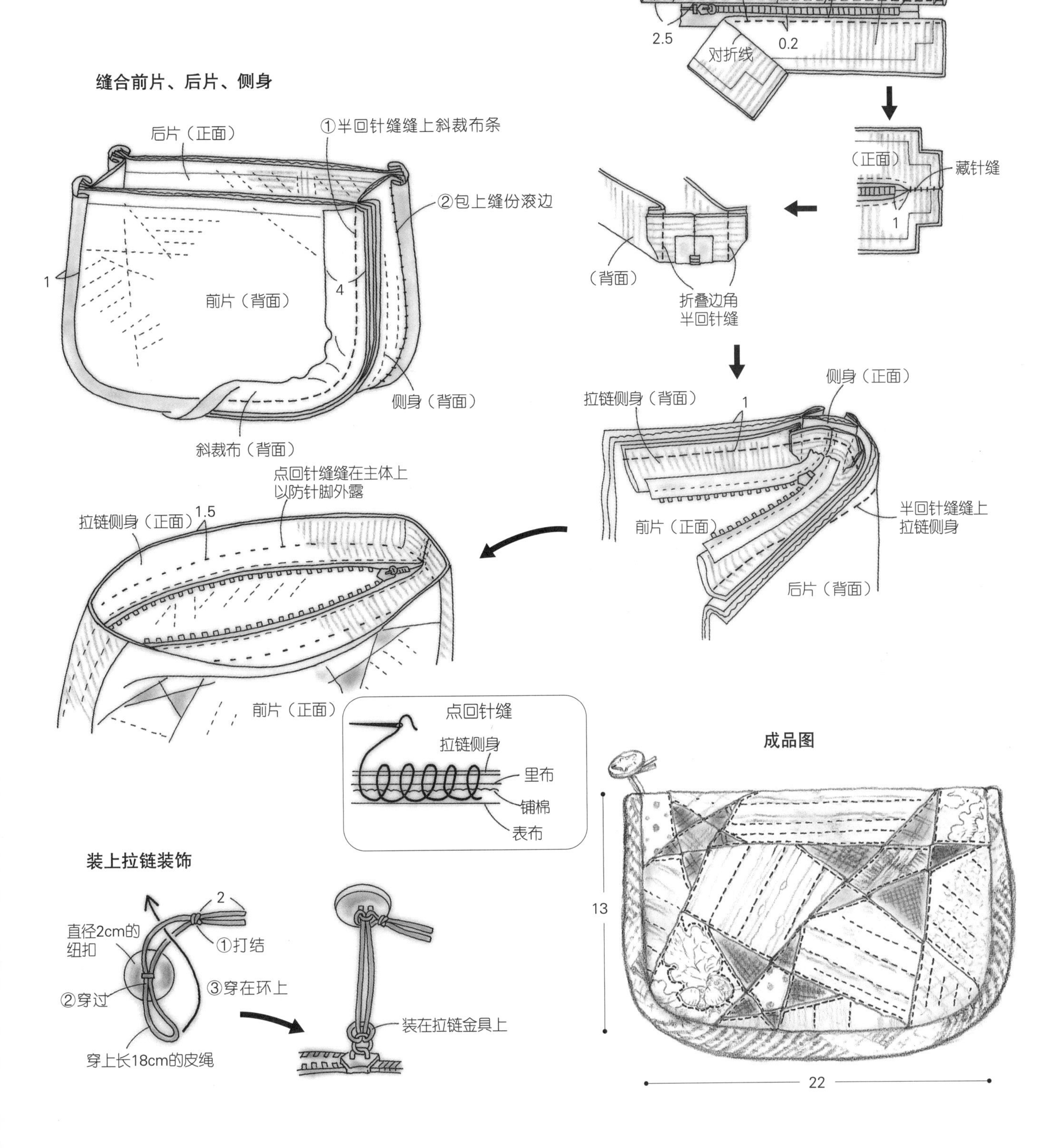

★ **材料** 拼布用布…米色系格子纹和印花布8种各适量，贴布缝用布…碎布适量，主体下部、底部、提手…茶色系条纹布90cmX50cm（含滚边用斜裁布4.5cmX85cm），里布…90cmX110cm（含衬布），铺棉…90cmX60cm，绣线…25号深棕色、深红色各适量

★ **成品尺寸** 请参照成品图

★ **制作方法**

① 拼缝制作主体上部。制作如图所示连接六角形的A列和B列各9片，并将其横向拼接。

② 参照本书附页实物大小图案，在①的前片部分贴布缝和刺绣。

③ 将②与主体下部缝合，制作主体表布。

④ 在③上依次叠放铺棉和里布（两端缝份多留一些）疏缝固定，然后绗缝。此时在两端各留出4cm缝份。

⑤ 缝合④的两端使其呈环状。首先只连接表布的布块，接下来将裁剪好的铺棉拼接藏针缝缝合。最后折叠里布藏针缝，④中留下部分绗缝。

⑥ 制作包底。表布上依次叠放铺棉

制作示范（前片的贴布绣和刺绣请参照实物大小图案）

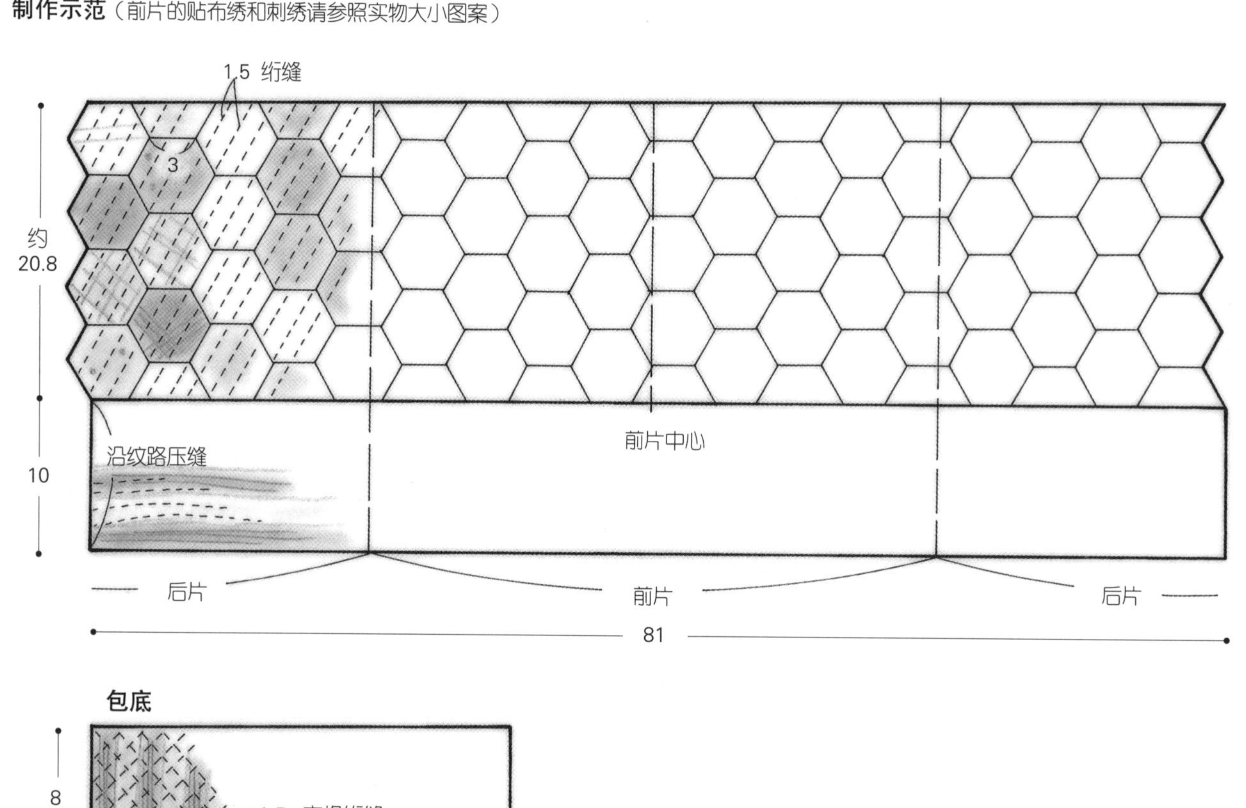

包底

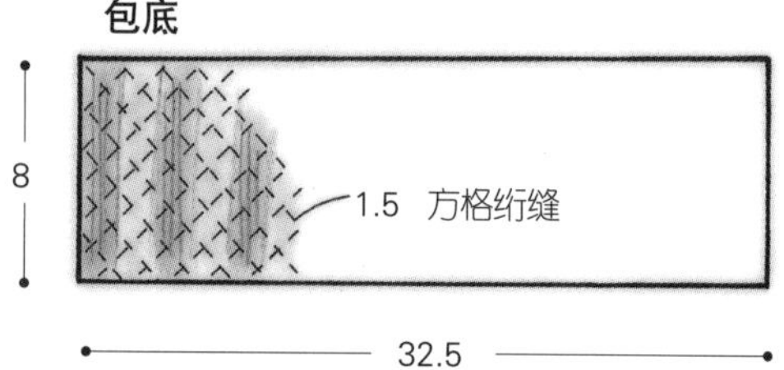

拼缝制作表布

分别制作A列、B列，横向连接

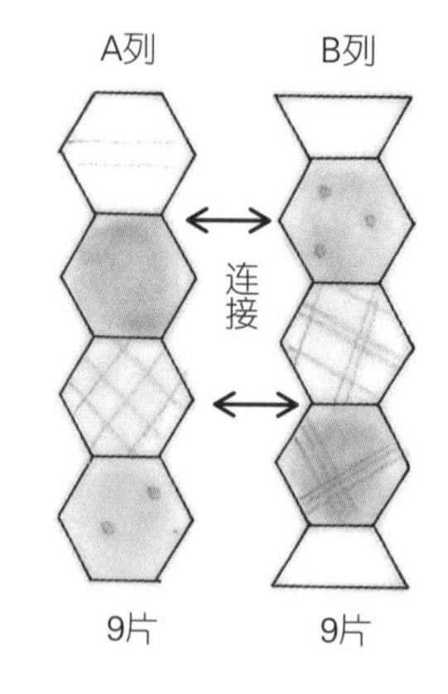

实物大小纸样

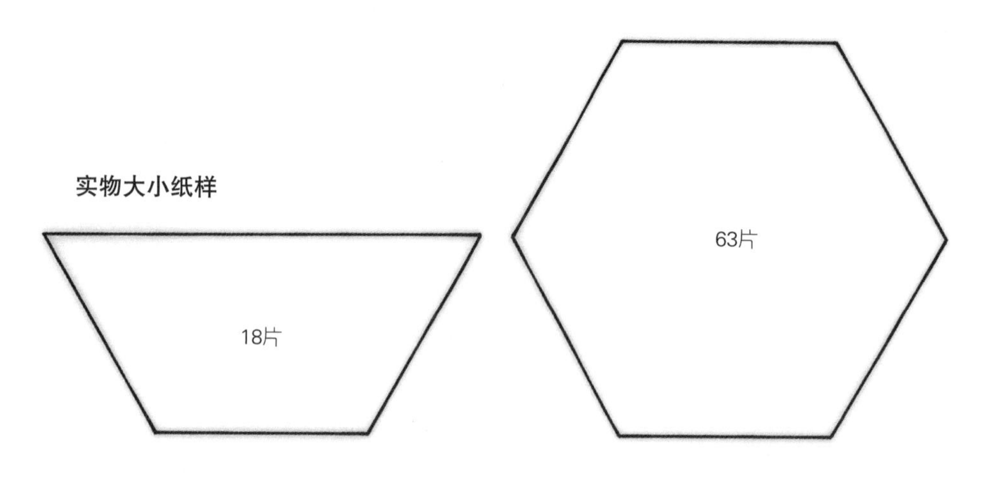

和里布疏缝，然后绗缝。

⑦ 将主体和包底正面相对缝合。缝份用从里布上裁下的斜裁布卷针缝缝合。

⑧ 包口滚边处理。

⑨ 制作提手，将其缝合固定在包口内侧。把衬布盖在上边藏针缝以遮住缝提手的针脚。

★ 要点 较细的茎和叶贴布用斜裁布裁剪即可。

★ 贴布缝和刺绣的实物大小图案请参照本书附页B面。

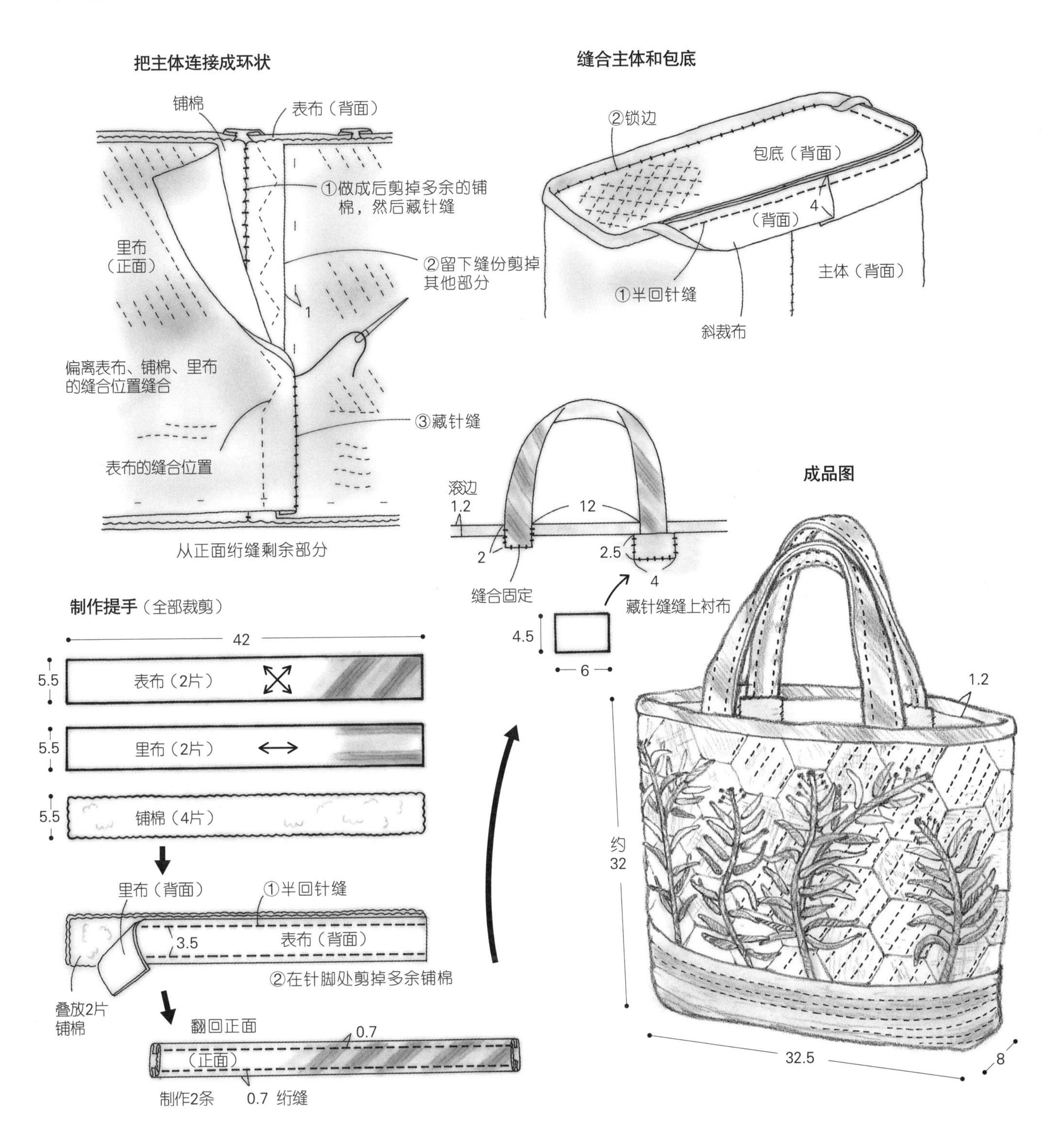

★ 材料　布带…米黄色粗花呢100cmX100cm（含提手）、深棕色毛料30cmX130cm，Yoyo…毛料碎布适量（含结绳扣环用布），里袋…米色薄质毛料45cmX80cm（含内口袋），直径1cm的提手芯30cm，内径2.5cm环扣4个，直径0.5cm茶色圆绳200cm，化纤棉少量

★ 成品尺寸　请参照成品图

★ 制作方法

① 制作布带。1cm宽斜裁毛料布折四折车缝。

② 参照示意图组合布带，制作表袋的基底。开始时把各个布带以包底位置为中心交叉放置，交叉点用绗缝线缝合固定。

③ 制作Yoyo，缝制在交叉的布带上。

④ 制作两端装有环扣的提手。将表袋上侧留下布带端每六根捏合一起，穿过环扣并缝合固定。

⑤ 制作里袋，放入表袋里边。

★ 要点　在布带上每隔5cm做一个标记，从包底开始一点点交叉缝合固

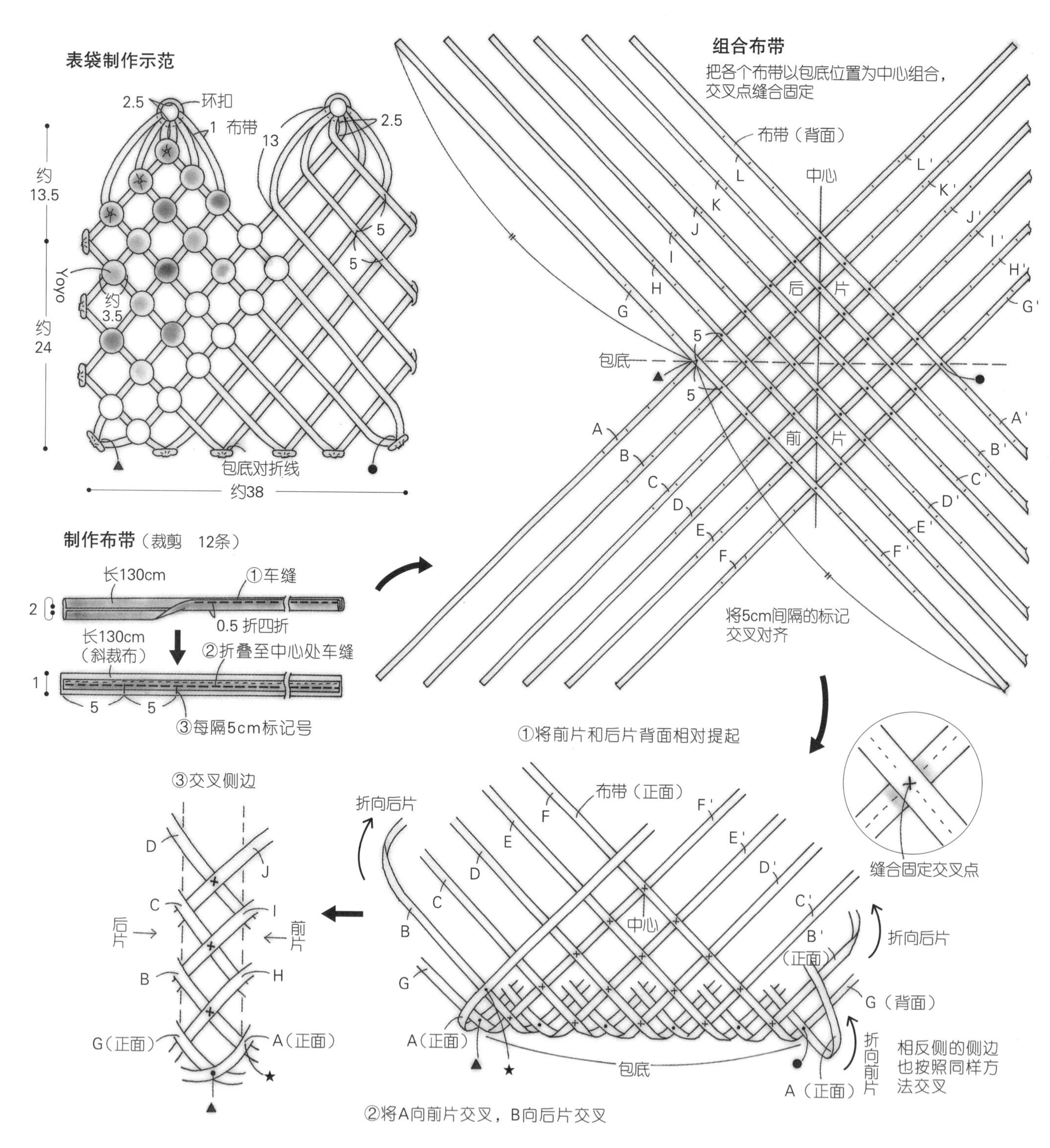

定。难以组合时将里袋和与其大小相同的盒子放入其中，沿着盒子作业即可。

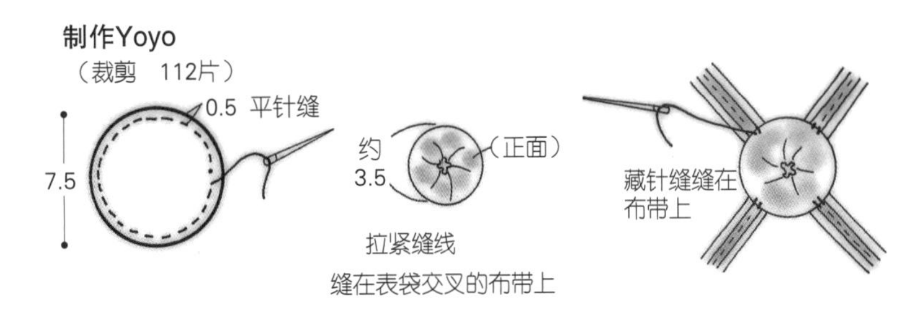

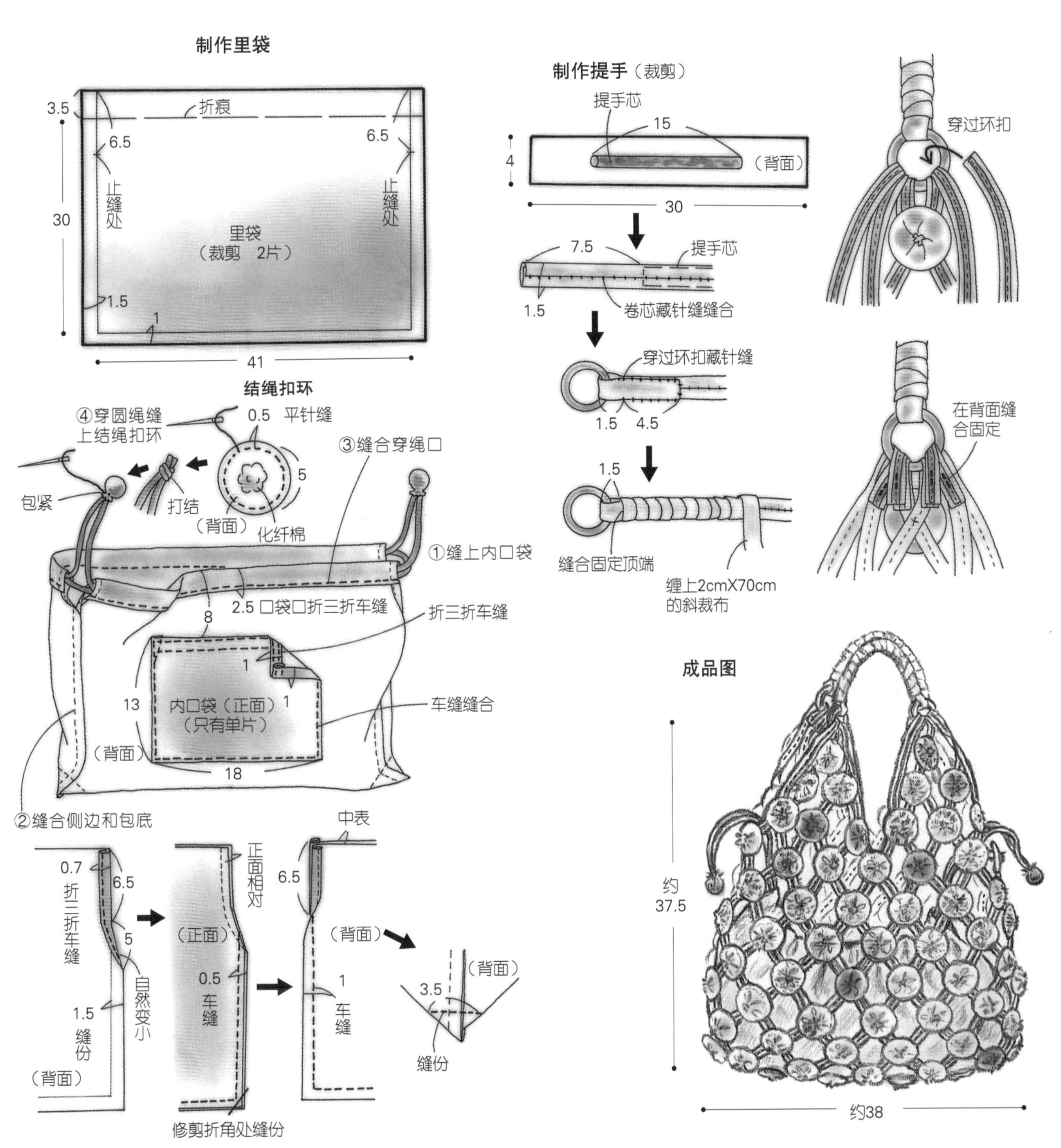

★ 材料 拼布用布…碎布适量，刺绣底布…米黄色净面布4种各30cmX30cm，鞋子图案贴布…含皮革碎布适量，滚边条…茶色千鸟格布5cmX85cm、深红色净面布5cmX30cm，里布、铺棉…各60cmX40cm，宽1.2cm黑色皮带、宽0.4cm原色波浪形饰带、镶有商标名字的装饰带各适量，绣线…25号深棕色、土黄色、苔绿色各适量

★ 成品尺寸 请参照成品图

★ 制作方法

① 请参照本书最后附页实物大小图案在底布上刺绣。

② 将①和其他的布块拼缝制作表布。

③ 将②和里布正面相对夹入铺棉，缝合下部后，翻回正面。疏缝后再绗缝。

④ 将③的上部和两侧边进行缝合。

⑤ 依据个人喜好缝上皮带、波浪形饰带和镶有商标名字的装饰带。

⑥ 制作鞋子图案，下端从背面卷针缝缝合。

★ 要点 为突出刺绣效果，在刺绣边际处采用落针压缝。

★ 实物大小纸样和刺绣图案请参照本书附页B面。

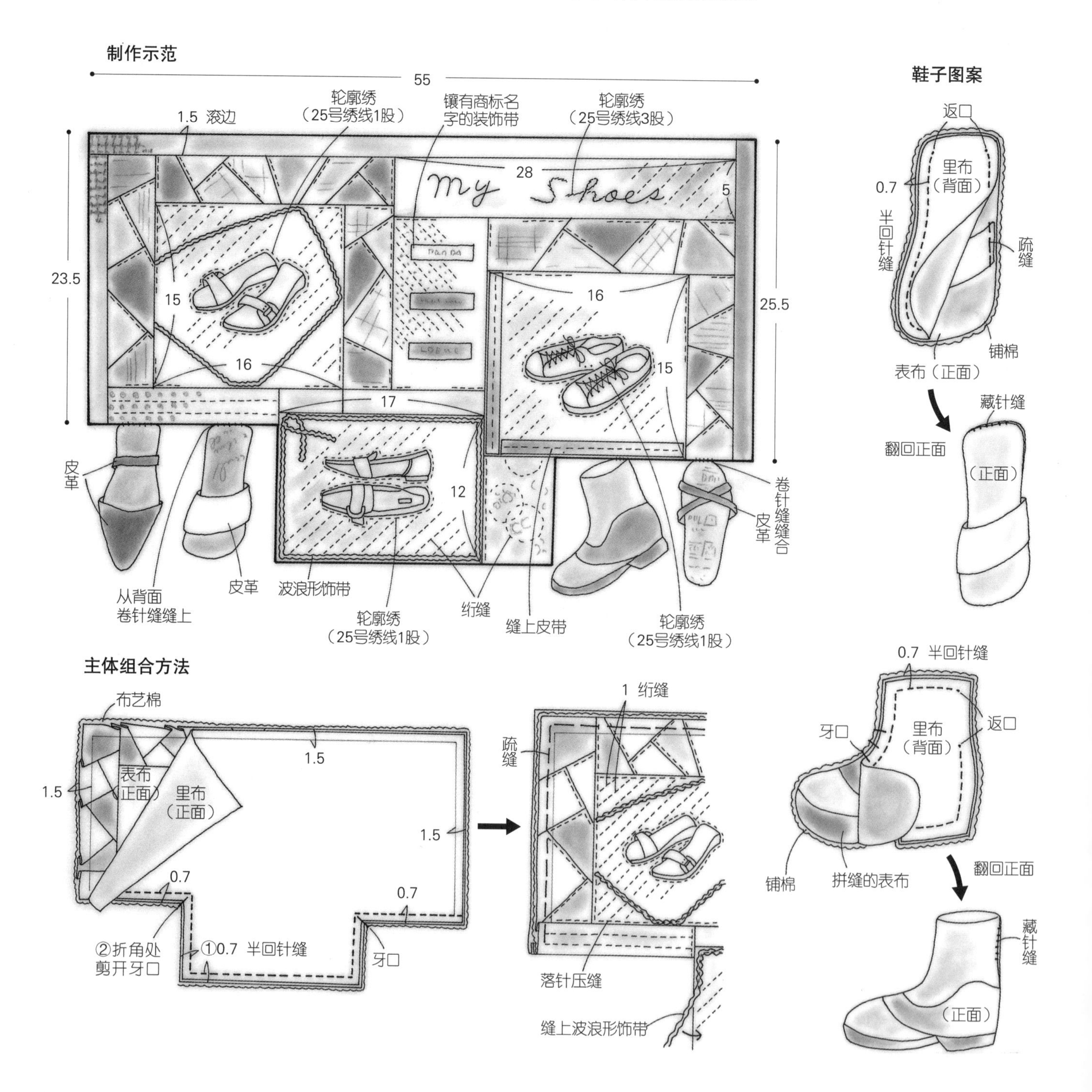

★ **材料** 底布、侧身…深红色净面布（或灰色针织面料）30cmX30cm，贴布缝用布、车轮用布…米黄色印花布（或黑色印花布）30cmX25cm，里布、铺棉…各30cmX30cm，黏合衬适量，12cm长拉链1条，绣线…25号灰色（或白色）适量

★ **成品尺寸** 请参照成品图

★ **制作方法**

① 参照本书最后附页实物大小纸样，在底布上贴布缝和刺绣制作主体表布。将其与里布正面相对，叠放铺棉缝合四周，留下返口，翻回正面。

② 锁边缝合①的返口，在贴布和刺绣边际落针压缝。制作2片。

③ 参照示意图制作4片车轮，藏针缝缝在主体上。

④ 按照车轮的制作方法制作侧身。

⑤ 将2片主体和侧身分别正面相对，留出缝拉链位置卷针缝缝合。

⑥ 缝上拉链。

★ **实物大小纸样请参照本书附页B面。**

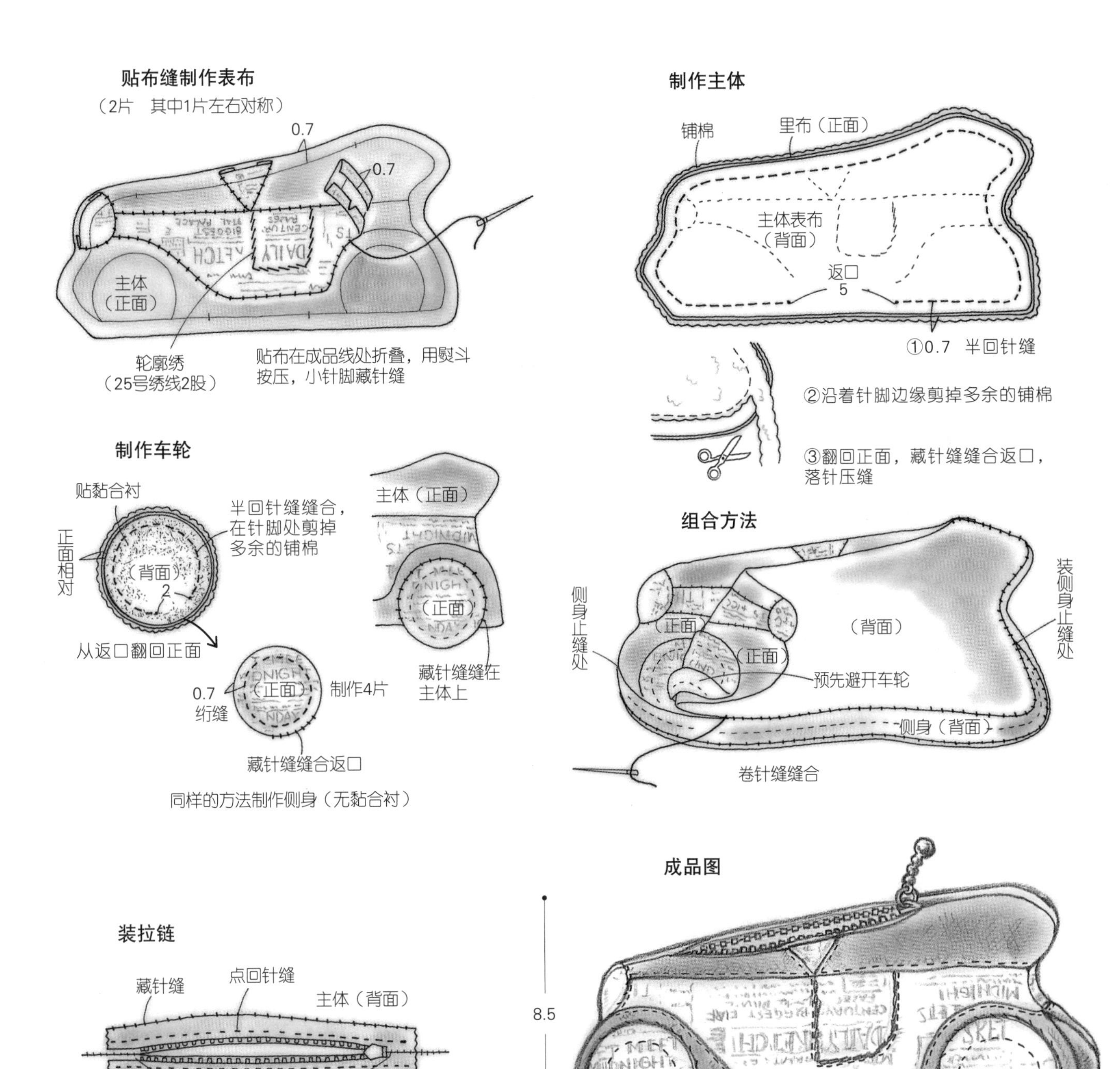

Photographer: AKINORI MIYASHITA
Original Japanese edition published in Japan by NIHON VOGUE CO., LTD.,
Simplified Chinese translation rights arranged with BEIJING BAOKU INTERNATIONAL CULTURAL DEVELOPMENT Co., Ltd.

日本宝库社授权河南科学技术出版社在中国大陆独家出版发行本书中文简体字版本。

著作权合同登记号：图字16—2011—163

图书在版编目(CIP)数据

花冈瞳的生活拼布. 1，个性优雅风/（日）花冈瞳著；齐会君译. —郑州：河南科学技术出版社，2013. 8
ISBN 978-7-5349-6029-1

Ⅰ. ①花… Ⅱ. ①花… ②齐… Ⅲ. ①布料-手工艺品-制作 Ⅳ. ①TS973. 5

中国版本图书馆CIP数据核字(2012)第244978号

出版发行：河南科学技术出版社
地址：郑州市经五路66号　　邮编：450002
电话：(0371) 65737028　　65788613
网址：www.hnstp.cn
策划编辑：刘　欣
责任编辑：张　培
责任校对：张小玲
封面设计：张　伟
责任印制：张艳芳
印　　刷：北京盛通印刷股份有限公司
经　　销：全国新华书店
幅面尺寸：210 mm×260 mm　　印张：6. 5　　字数：200千字
版　　次：2013 年8月第 1 版　　2013年8月第 1 次印刷
定　　价：39. 00元

如发现印、装质量问题，影响阅读，请与出版社联系并调换。